朝倉物理学選書
3
鈴木増雄・荒船次郎・和達三樹 編集

量子力学

日笠健一 著

朝倉書店

編　　者

鈴木増雄　東京大学名誉教授・東京理科大学教授
荒船次郎　大学評価・学位授与機構特任教授・東京大学名誉教授
和達三樹　東京理科大学教授・東京大学名誉教授

「朝倉物理学選書」刊行にあたって

　2005年は，アインシュタインが光量子仮説に基づく光電効果の説明，ブラウン運動の理論および相対性理論を提唱した年から100年後にあたり，全世界で「世界物理年」と称しさまざまな活動・催し物が行われた．朝倉書店から『物理学大事典』が刊行されたのもこの年である．

　『物理学大事典』（以降，大事典とする）は，物理学の各分野を大項目形式で，できるだけ少人数の執筆者により体系的にまとめられ，かつできるだけ個人的な知識に偏らず，バランスの取れた判りやすい記述にするよう留意し編纂された．

　とくに基礎編には物理学の柱である，力学，電磁気学，量子力学，熱・統計力学，連続体力学，相対性理論がそれぞれ一人の執筆者により簡潔かつ丁寧に解説されており，編者と朝倉書店には編集段階から，いずれはこれを分けて単行本にしては，という思いがあった．刊行後も読者や執筆者からの要望もあり，まずはこの基礎編を，大事典からの分冊として「朝倉物理学選書」と銘打ち6冊の単行本とすることとした．単行本化にあたっては，演習問題を新たにつけ加えたり，その後の発展や図を加えたりするなどして，教科書・自習書としても活用できるようさらに充実をはかった．

　分冊化によって，持ち歩きにも便利となり若い学生にも求め易く手頃なこのシリーズは，大学で上記教科を受け持つ先生方にもテキストとしてお薦めしたい．また逆に，この「朝倉物理学選書」が，物理学全分野を網羅した「大事典」を知るきっかけになれば幸いである．この6冊が好評を得て，大事典からさらなる単行本が生み出されることを期待したい．

編者　鈴木増雄・荒船次郎・和達三樹

#　は　じ　め　に

　量子力学と相対性理論は，現代物理学の礎石である一方で，一般常識，通常の世界像とはかけ離れた要素を持っている．そのうち，特殊相対論が2つの原理に基づいて明快に組み立てられ，数学的にも難しくないのと異なって，量子力学はなかなか手ごわい．これは理論構造が複雑であること，さまざまな数学的知識を必要とすること，実際にどう使うのか最初はわかりにくいことなどの理由による．しかし，一旦慣れてしまえばあたりまえに感じられるようになるし，量子力学的取扱いの方が古典力学よりわかりやすいことさえある．

　量子力学なしでは現代物理学の大半は真に理解することはできない．一般に，量子力学はミクロの世界を記述する物理法則であると単純化して言われることも多い．確かに原子やそれより小さい素粒子・原子核の物理は当然量子力学に基づくが，量子力学の守備範囲は意外に広い．物質の色，熱的・電気的な性質などは量子力学を用いて初めて理解できるものであるし，高密度天体や初期宇宙の記述にも量子力学は欠かせない．

　本書は本来『物理学大事典』の一章として執筆されたものである．多くの教科書に見られる導入的な部分をかなり短縮して，量子力学の理論体系が最初から出てくるのはそのためである．もともと想定した読者のイメージは，以前一度量子力学を勉強したがかなり忘れてしまった人，あるいは一応初等的な量子力学の解説書を読んだことがあるか，入門的講義を受けたことのある人である．初心者にはこの構成は最初はとっつきにくいかもしれないが，なじめばすっきり理解できるのではないかと期待している．

　また，大事典版では簡潔さを優先して途中の計算過程を省略した箇所も

少なくない．教科書としてはこれを補うことが望ましいので，本書ではそのような部分を章末問題として新たに加え，比較的導出が難しい場合は，誘導型の問題として筋道を追うことができるようにした．さらにそれ以外にも量子力学の理解が深くなるような問題を含めた．問題の略解は巻末に掲載してあるが，ここでは単なる解答ではなく，本文を補足したり，ノウハウ的な視点からの解説を加えてある．いずれにしても，自分で手を動かしてみることが量子力学をわかるにはいちばん重要であることを忘れないでほしい．

このように，本書は量子力学の教科書としては比較的特徴のあるものになったかと考えている．読者のみなさんからのコメントをお待ちしている．

2008 年 10 月

日　笠　健　一

目　　次

0章　歴史と意義	1
1章　量子力学の理論構造	5
1.1　量子力学における物理的状態	5
1.2　状態空間の構造	7
1.3　運動量	8
1.4　演算子	10
1.5　交換関係式	12
1.6　時間発展	13
1.7　エネルギー固有状態	14
1.8　同時対角化	15
1.9　古典力学との対応	16
1.10　3次元空間内の粒子	17
1.11　電磁場中の荷電粒子	18
1.12　ゲージ変換	19
1.13　多自由度の系	20
1.14　2体問題	21
1.15　同種粒子系と統計性	22
1.16　パウリの排他律	23
1.17　ハイゼンベルク描像	24
演習問題	25

2章　1次元固有値問題　29

- 2.1　箱の中の自由粒子 29
- 2.2　井戸型ポテンシャル 30
- 2.3　調和振動子 32
- 2.4　昇降演算子による解法 33
- 演習問題 35

3章　角運動量　37

- 3.1　軌道角運動量 37
- 3.2　角運動量の代数と状態 40
- 3.3　スピン 44
- 3.4　スピンと統計 45
- 3.5　スピン 1/2 の状態 45
- 3.6　定常磁場中の電子スピンの運動 47
- 3.7　角運動量の合成 48
- 3.8　2つのスピン 1/2 の合成 50
- 3.9　軌道角運動量とスピン 1/2 の合成 51
- 3.10　一般の2つの角運動量の合成 52
- 3.11　複合粒子のスピンと統計 53
- 演習問題 53

4章　3次元固有値問題　55

- 4.1　中心力場の中の粒子 55
- 4.2　自由粒子 56
- 4.3　水素原子 58
- 4.4　微細構造定数 61
- 演習問題 62

5章　対称性と保存則　　65

- 5.1　状態空間とユニタリー変換　　65
- 5.2　対称性　　66
- 5.3　空間並進　　67
- 5.4　ハミルトニアンと空間並進　　70
- 5.5　周期ポテンシャル中の粒子　　71
- 5.6　空間並進全体の数学的構造　　72
- 5.7　空間回転　　73
- 5.8　角運動量の固有状態と回転　　75
- 演習問題　　78

6章　摂動論　　79

- 6.1　定常状態の摂動論　　79
- 6.2　定常状態の摂動論（縮退のある場合）　　81
- 6.3　時間依存性のある場合の摂動論　　82
- 6.4　断熱変化　　84
- 6.5　周期的摂動　　85
- 6.6　電磁波と光子　　87
- 6.7　電磁波の吸収・放出　　89
- 6.8　選択則　　91
- 6.9　不安定状態の崩壊　　92
- 演習問題　　95

7章　トンネル効果　　97

- 7.1　1次元散乱状態：矩形ポテンシャル　　97
- 7.2　ポテンシャル障壁の通過　　99
- 7.3　WKB近似　　101
- 7.4　WKB近似に対する接続公式　　103

7.5 準古典的量子化条件 104
7.6 WKB近似とトンネル効果 104
演習問題 105

8章 散乱　107

8.1 散乱断面積 107
8.2 散乱振幅と断面積 109
8.3 部分波 110
8.4 散乱解に対する積分方程式とグリーン関数 112
8.5 摂動展開とボルン近似 114
8.6 時間に依存する摂動論との関係 115
8.7 時間発展演算子 117
8.8 遅延グリーン関数 118
8.9 自由粒子に対するグリーン関数 119
8.10 グリーン関数の摂動展開 120
8.11 S行列 121
8.12 相互作用描像とS行列 123
演習問題 124

9章 経路積分　125

9.1 経路積分表示の導出 125
9.2 古典力学と量子力学の対応関係 127

10章 量子力学の相対論的拡張　129

10.1 ディラック方程式 130
10.2 電磁場との相互作用 134
10.3 相対論的不変性 136
10.4 負エネルギー解の意味 139
10.5 ニュートリノ振動 140

| 演習問題 | 142 |

参考文献　143

演習問題の解答　147

索　引　160

0 章
歴 史 と 意 義

　19 世紀末より 20 世紀初頭，ニュートンの古典力学の限界が相ついで明らかになった．古典力学が破綻するのは，1 つには物体の速度が非常に大きな領域であり，速度が光速 c に近い場合には特殊相対性理論が正しい理論である．古典力学は特殊相対性理論から $v \ll c$ の極限として得られる．もう 1 つがミクロの領域で，本書の主題である量子力学が必要となる．

　相対性理論の基本的な自然定数 c と並んで，量子力学を特徴づける普遍定数がプランク定数 $\hbar = h/2\pi$ である．プランク定数が初めて導入されたのはちょうど 1900 年のことである．当時黒体放射のスペクトルを電磁気学と統計力学に基づいて計算すると，実験とまったく合わなかったが，プランクがある仮定を用いて実験を再現する公式を導くことに成功した．その仮定とは，電磁波の各モードのエネルギーが，ある値の整数倍しかとれないというものであり，その値は電磁波の角振動数 ω にプランク定数 $\hbar$ をかけたものである．この定数は，作用（エネルギー × 時間，あるいは運動量 × 長さ）の次元をもっており，その値はおよそ 1×10^{-34} Js である．

　1905 年にアインシュタインは光量子説を導入して光電効果を説明した．光電効果においては，光は粒子（光子）として振る舞い，光子 1 個のもつエネルギーは光の振動数と $E = \hbar\omega$ の関係をもつというのがここでの仮定である．1923 年には，電子による光（X 線）の散乱であるコンプトン効果が，光がエネルギー $\hbar\omega$，運動量 $\boldsymbol{p} = \hbar\boldsymbol{k}$ （$\boldsymbol{k}$ は波数ベクトル）をもつ粒子であるとして，うまく説明できることが見いだされた．1924 年，ドブロイはこ

れらの関係が一般の物質に対しても成り立つと提案した.

当時，原子の構造は大きな問題の1つであった．原子が吸収・放出する光は特定の波長をもっており，これは，原子の内部構造と深くかかわっていると推察された．とくに水素原子の光のスペクトルは量子力学の発見に導く1つの鍵となった．19世紀末にトムソンによって電子が同定され，1911年にラザフォードにより原子核の存在が示されると，原子が正電荷をもつ原子核と負電荷をもつ電子から構成されていることが明らかになった．原子を古典力学に基づいて理解しようとすると，その安定性を説明できない．1913年にボーアは，電子の軌道に対する量子化条件を仮定して，水素原子のスペクトルを説明することに成功した．ボーアの仮説は，系統的な理論とはいえないものではあったが，これを拡張したボーア–ゾンマーフェルトの量子化条件は，原子分子のスペクトルに成功裏に応用された（前期量子論）．この際用いられる位相積分の量子化の提案者の1人は日本の石原純である．

上で述べたドブロイの仮説に引き続き，1925年にハイゼンベルクの「行列力学」，1926年にシュレーディンガーの波動方程式が提案され，量子力学が誕生した．同年，この2つが実は同等であることが，シュレーディンガーらにより示された．これ以後数年間に急速な発展がなされ，現在の量子力学の基本的枠組が構築された．1928年にはディラックが相対論的な電子の方程式を発見し，1929年にはハイゼンベルク–パウリが電磁場の量子論を構成した．

一方，19世紀末には放射能が発見され，1900年にラザフォードは放射性物質の崩壊までの時間が指数関数法則に従う分布をしていることを見いだした．これは，不安定状態の崩壊が確率的な法則に従っていることを示しており，古典力学では理解できない現象であった．量子力学は古典力学と異なり，初期条件の決まった系であっても，測定結果に対して必ずしも決定的な予測を与えない．崩壊はその典型的な例である．

量子力学は，ミクロな世界の理解に不可欠なものであるが，身近な物質

の色，比熱をはじめとしたいろいろな性質も量子力学を用いて初めて理解できることが多い．また，超伝導，超流動などのめざましい現象もきわめて量子力学的な現象である．

1章
量子力学の理論構造

1.1 量子力学における物理的状態

　古典力学では，粒子の状態は位相空間を用いて表すことができる．たとえば，無限に長い1次元空間を粒子が運動する場合を考えると，位相空間は位置 x と運動量 p で指定される2次元の空間となる．この空間内の各点は1つの状態に対応する．ある時刻において，粒子の位置と運動量を与えれば，運動方程式を解くことにより，その後の粒子の運動が一意的に定まるが，これは位相空間内の点が時間とともに移動していくことに対応する．

　量子力学における状態の記述は，2つの点で古典力学と大きく異なる．まず，量子力学では，位置と運動量の両方を指定することはできない．粒子の位置をある値に指定すると，もはや運動量を決める自由度は残っていない．この意味で，量子力学における独立な状態の数は古典力学よりもずっと少ない．

　他方で，古典力学にはない量子力学の特徴は，状態の重ね合わせが可能なことである．このことにより，量子力学における異なる状態の数は古典力学よりもはるかに多くなる．粒子が x の位置にある状態を $|x\rangle$（これを位置の固有状態とよぶ）とすると，一般の状態は

$$\int dx \psi(x)|x\rangle = |\psi\rangle \tag{1}$$

と書くことができる．ここに現れる関数 $\psi(x)$ は，重ね合わせのウエイト

を表しており，波動関数とよばれる．この関数は一般に複素数の値をとる．
　最初に導入した位置の固有状態に対応する波動関数は，粒子の位置を x_0 とすると

$$\psi_{x_0}(x) = \delta(x - x_0) \tag{2}$$

と書ける．
　一般の波動関数で表される粒子の状態は，必ずしも確定した位置をもたないので，古典的な粒子の描像とは大きく異なっている．このような量子力学的状態に対して，粒子の位置の測定を行えば，ある測定値が得られるが，1 回の測定に対しその値は確定しない．同じ状態を多数個用意してそのおのおのに対し測定を行ったとき，測定値が x である相対確率は波動関数の絶対値 2 乗 $|\psi(x)|^2$ によって与えられる．全空間のどこかに粒子を見いだす確率は 1 なので，測定値が x である確率密度は

$$\frac{|\psi(x)|^2}{\int dx |\psi(x)|^2} \tag{3}$$

と書け，したがって粒子の位置の期待値は

$$\langle x \rangle = \frac{\int dx\, x |\psi(x)|^2}{\int dx |\psi(x)|^2} \tag{4}$$

と表される．また，粒子の位置の不確定性（広がり）Δx を，x の分散

$$(\Delta x)^2 = \langle (x - \langle x \rangle)^2 \rangle = \langle x^2 \rangle - \langle x \rangle^2 \tag{5}$$

を用いて定義できる．ここで，$\langle x^2 \rangle$ は

$$\langle x^2 \rangle = \frac{\int dx\, x^2 |\psi(x)|^2}{\int dx |\psi(x)|^2} \tag{6}$$

で与えられる．
　後に述べるように，量子力学では波動関数に対しては決定論的な方程式（シュレーディンガー方程式）が存在するが，それにもかかわらず，観測量に対して確率的予言しかできないことは，波動関数が直接観測量でないことが 1 つの要因である．また，複素量である波動関数それ自身を直接には観測することができないことが，量子力学において粒子性と波動性の両立

が可能であることの理由である．

1.2　状態空間の構造

　状態の重ね合わせが可能であることを数学的に定式化するならば，量子力学における状態全体は，和と定数倍を許す複素ベクトル空間の構造をもっている．すなわち，任意の 2 つの状態 $|\psi_1\rangle$, $|\psi_2\rangle$ に対し，その線形結合 $c_1|\psi_1\rangle + c_2|\psi_2\rangle$ （c_1, c_2 は任意の複素数）も状態となる．各状態は，このベクトル空間（状態空間）の中の 1 つのベクトル（状態ベクトル）である．状態ベクトルを $|\psi\rangle$ のように表す記法はディラックによるもので，ケットベクトルともよぶ．

　この空間には，自然な内積が定義される．2 つの状態 $|\psi_1\rangle$, $|\psi_2\rangle$ に対し，

$$(\psi_1, \psi_2) = \int dx\, \psi_1^*(x)\psi_2(x) \tag{7}$$

また，状態ベクトル $|\psi\rangle$ のノルム（大きさ）は

$$(\psi, \psi) = \int dx\, |\psi(x)|^2 \tag{8}$$

となる．物理的には，状態ベクトルの大きさおよび位相は意味をもたず，状態 $|\psi\rangle$ と $c|\psi\rangle$ （c は 0 でない複素数）は同じ状態に対応する．このため，大きさが 1 になるように規格化すると便利なことが多い．

$$\int dx\, |\psi(x)|^2 = 1 \tag{9}$$

このとき，たとえば式 (4) は

$$\langle x \rangle = \int dx\, x\, |\psi(x)|^2 \tag{10}$$

と簡単化される．

　内積を記述する便利な記法として，ケットベクトル $|\psi\rangle$ の転置複素共役ベクトルに相当するブラベクトル $\langle\psi|$ を導入すると，状態ベクトルの内積 (7) は

$$(\psi_1, \psi_2) = \langle \psi_1 | \psi_2 \rangle \tag{11}$$

のように表せる．このような状態ベクトルとその内積の表し方はディラックのブラ・ケット記法とよばれる．

とくに，位置の固有状態の式 (2) に対しては

$$\langle x_1 | x_2 \rangle = \int dx \psi_{x_1}^*(x) \psi_{x_2}(x) = \delta(x_1 - x_2) \tag{12}$$

となる．これは，固有状態 $|x\rangle$ 全体が状態空間の正規直交系をなしていることを意味する[†1]．状態空間は連続無限次元の空間となっている．

これを用いると，任意の状態 (1) に対し，

$$\langle x | \psi \rangle = \psi(x) \tag{13}$$

と書けることがわかる．

ところで，$\int dx |x\rangle\langle x|$ という表式を考え，これを状態 $|\psi\rangle$ に作用させると

$$\int dx |x\rangle\langle x|\psi\rangle = \int dx |x\rangle \psi(x) = |\psi\rangle \tag{14}$$

したがって

$$\mathbf{1} = \int dx |x\rangle\langle x| \tag{15}$$

は恒等演算子であることがわかる．これは，状態 $|x\rangle$ 全体が完全系をなしていることを意味する．

1.3 運 動 量

状態空間は，位置の固有状態を基底とするベクトル空間である．前に述べたように，運動量は状態空間に対して，位置と独立な新たな自由度を付け加えることはない．量子力学における運動量が，状態空間内でどのように表現されるかは，ドブロイの関係によって示唆されるつぎの事実に基づ

[†1] このような連続パラメータをもつ状態のノルムは一般に 1 に規格化することができないが，代わりに式 (12) のようにデルタ関数を用いて規格化する．

く．運動量 p の状態は，波数 $k = p/\hbar$ をもつ波動関数

$$\psi_p(x) \propto \mathrm{e}^{ipx/\hbar} \tag{16}$$

に対応している[†2]．すなわち，位置の固有状態をつぎのようにある位相で重ね合わせた状態

$$|p\rangle = \int \frac{\mathrm{d}x}{\sqrt{2\pi\hbar}}\, \mathrm{e}^{ipx/\hbar}|x\rangle \tag{17}$$

は，位置は完全に不確定であるが，運動量の確定値 p をもつ状態（運動量の固有状態）である．ここで規格化は $\langle p_1|p_2\rangle = \delta(p_1 - p_2)$ となるように選んだ．

運動量の固有状態全体は（位置の固有状態全体と同様）それ自身状態空間の完全系をなしており，一般の状態を運動量の固有状態で展開することもできる．

$$|\psi\rangle = \int \mathrm{d}p\, \widetilde{\psi}(p)|p\rangle \tag{18}$$

$\widetilde{\psi}(p)$ は運動量空間における波動関数と解釈できるが，これは波動関数 $\psi(x)$ のフーリエ変換になっている．

$$\widetilde{\psi}(p) = \int \frac{\mathrm{d}x}{\sqrt{2\pi\hbar}} \psi(x) \mathrm{e}^{-ipx/\hbar} \tag{19}$$

$\psi(x), \widetilde{\psi}(p)$ はそれぞれ，状態空間の基底として $\{|x\rangle\}, \{|p\rangle\}$ をとったときの状態ベクトル $|\psi\rangle$ の表示にほかならない．

運動量の測定結果が p である相対確率は $|\widetilde{\psi}(p)|^2$ で与えられ，運動量の期待値は

$$\langle p \rangle = \int \mathrm{d}p\, p |\widetilde{\psi}(p)|^2 \tag{20}$$

と表される（波動関数は規格化されているとする）．

これを $\psi(x)$ を用いて表すと

$$\langle p \rangle = \int \mathrm{d}x\, \psi^*(x)\left(-i\hbar \frac{\mathrm{d}}{\mathrm{d}x}\right)\psi(x) \tag{21}$$

[†2] $\mathrm{e}^{-ipx/\hbar}$ としても構わないが，どちらか一方を選ぶ必要がある．通常，約束として $\mathrm{e}^{ipx/\hbar}$ とする．

すなわち，運動量は波動関数に作用する微分演算子として表される．

これに対応する位置の固有状態に対する作用は

$$\hat{p}|x\rangle = i\hbar \frac{\mathrm{d}}{\mathrm{d}x}|x\rangle \tag{22}$$

$$\langle x|\hat{p} = -i\hbar \frac{\mathrm{d}}{\mathrm{d}x}\langle x| \tag{23}$$

と書ける．

1.4 演 算 子

いまみたように，量子力学では運動量が演算子として表現されるが，位置も波動関数 $\psi(x)$ に対し x をかける演算子と解釈することができる．また，運動量空間の波動関数 $\widetilde{\psi}(p)$ に対しては，運動量は単に p をかける演算であるが，位置は微分 $i\hbar \mathrm{d}/\mathrm{d}p$ で表されることがわかる．このように，量子力学においては物理量には演算子が対応している．以下，演算子を普通の数と区別するために，必要な場合には $\hat{p}, \hat{x}$ のように ^ をつけて表すことにする．

量子力学における演算子は，状態ベクトルに作用するものであり，作用した結果は状態空間中の1つの（一般には元と異なる）ベクトルとなる．とくに，状態空間が線形空間をなしていることに対応して，量子力学の演算子は線形演算子である[†3]．すなわち，状態 $|\psi\rangle$ が

$$|\psi\rangle = c_1|\psi_1\rangle + c_2|\psi_2\rangle$$

と書けるとき，演算子 A の $|\psi\rangle$ に対する作用は

$$A|\psi\rangle = c_1 A|\psi_1\rangle + c_2 A|\psi_2\rangle \tag{24}$$

となる．このことは，状態空間の基底ベクトルに対する演算子の作用を知っていれば，あらゆる状態ベクトルに対する作用がわかることを意味する．

[†3] 例外として，時間反転に対応する演算子は反線形演算子であり，(24) において c_1, c_2 のかわりに c_1^*, c_2^* となる．

たとえば，基底として位置の固有状態をとったとき，演算子 A が基底 $|x\rangle$ に作用した結果は，再び基底で展開できるので，

$$A|x\rangle = \int dx'\, a(x', x) |x'\rangle \tag{25}$$

と書くことができ，$a(x', x)$ は

$$a(x', x) = \langle x' | A | x \rangle \tag{26}$$

と求められる．したがって，状態空間に作用する演算子 A を定義することは，行列要素が $a(x', x)$ である（無限次元の）行列を与えることと同値である．状態 ψ に対する演算子 A の期待値は，一般に $\langle A \rangle = \langle \psi | A | \psi \rangle = (\psi, A\psi)$ と書くことができる．

量子力学に現れる演算子のうち，観測できる量に対応する演算子はエルミート演算子である．エルミート演算子を定義する前に，まず演算子のエルミート共役を定義しておこう．ある演算子 A のエルミート共役 $A^\dagger$ とは，あらゆる状態ベクトル $|\psi_1\rangle, |\psi_2\rangle$ に対し，

$$(\psi_1, A\psi_2) = (A^\dagger \psi_1, \psi_2) \tag{27}$$

を満たす演算子として定義される．エルミート演算子とは，自分自身がそのエルミート共役と等しい演算子のことである．

エルミート演算子の期待値は，つねに実数である．

$$(\psi, A\psi) = (A\psi, \psi) = (\psi, A\psi)^* \tag{28}$$

物理量は実数なので，物理量に対応する演算子はエルミート演算子で表されるべきである．実際，位置，運動量演算子はエルミート演算子となっている．

状態ベクトルのうち，演算子が作用した結果が元の状態ベクトルに比例するようなものがある．このようなものをその演算子の固有状態（固有ベクトル）とよび，その比例係数を固有値とよぶ．たとえば，状態 $|x\rangle$ は，位置演算子 $\hat{x}$ の固有状態であり，その固有値は x である．

$$\hat{x}|x\rangle = x|x\rangle \tag{29}$$

1.5 交換関係式

演算子の積は，2つの演算子が続けて作用するものとして定義される．すなわち，2つの演算子 A, B に対し，その積 AB は

$$(AB)|\psi\rangle = A(B|\psi\rangle) \tag{30}$$

で与えられる．ふつうの数と異なり，演算子の積は一般に可換ではない．非可換性を表す指標として交換関係式（交換子）が重要である．2つの演算子 A, B の交換子を

$$[A, B] = AB - BA \tag{31}$$

によって定義する．

量子力学における中心的な交換関係式は，運動量演算子と位置演算子の非可換性を表すもので，正準交換関係式とよばれ，式 (22)，(23) からもわかるように，

$$[\hat{p}, \hat{x}] = -i\hbar \tag{32}$$

と書かれる．正準交換関係式は，量子力学における非可換性とその大きさ（プランク定数）を端的に表している．プランク定数を 0 にする極限では，位置と運動量は可換になり，古典力学的極限といえる．

任意の状態に対し，位置の広がり Δx (5) と，

$$(\Delta p)^2 = \langle (p - \langle p \rangle)^2 \rangle = \langle p^2 \rangle - \langle p \rangle^2 \tag{33}$$

により定義される運動量の広がり Δp とのあいだには

$$\Delta x \, \Delta p \geq \frac{1}{2}\hbar \tag{34}$$

という不等式が成立する．これが有名な不確定性関係であり，正準交換関係式を用いて証明することができる．

ガウス型の波動関数

$$\psi(x) = N\mathrm{e}^{-\frac{x^2}{4\sigma^2}} \tag{35}$$

は $\langle x \rangle = \langle p \rangle = 0$, $\langle x^2 \rangle = \sigma^2$, $\langle p^2 \rangle = \hbar^2/4\sigma^2$ をみたしており，最小の不確定性をもつ（式 (34) の等式の場合）．

位置と運動量で表される一般の関数を量子力学の演算子として読み替える場合には，$\hat{p}$ と $\hat{x}$ の順序によって異なる演算子となるので注意が必要である．正しい順序を得るための指針の1つはエルミート性である．たとえば，$\hat{p}\hat{x}$ はエルミートでないが，$\frac{1}{2}(\hat{p}\hat{x} + \hat{x}\hat{p})$ はエルミート演算子である．

1.6 時間発展

古典力学では，ニュートンの運動方程式によって状態の時間変化が記述されるが，量子力学においてこれに相当するのがシュレーディンガー方程式である．

$$i\hbar \frac{\mathrm{d}}{\mathrm{d}t}|\psi(t)\rangle = \hat{H}|\psi(t)\rangle \tag{36}$$

ここに現れるのがハミルトニアン演算子 $\hat{H}$ であり，古典力学のハミルトニアンから，p, x を演算子に置きかえて得られる．具体的には，ポテンシャル $V(x)$ 中の質量 m の粒子のハミルトニアンは

$$\hat{H} = \frac{\hat{p}^2}{2m} + V(\hat{x}) \tag{37}$$

となる．状態はこの方程式に従って状態空間の中を時間とともに変化していく．ハミルトニアンが式 (37) のように時間依存性をもたないとき，時刻 $t = t_0$ における状態が $|\psi(t = t_0)\rangle = |\psi_0\rangle$ であったとすると，方程式 (36) の解は

$$|\psi(t)\rangle = \mathrm{e}^{-i\hat{H}(t-t_0)/\hbar}|\psi_0\rangle \tag{38}$$

で与えられる．

対応する波動関数 $\psi(x,t)$ に対する方程式は，式 (36) に左から $\langle x|$ をか

け，式 (23) を用いて

$$i\hbar \frac{\partial \psi}{\partial t} = -\frac{1}{2m}\frac{\partial^2 \psi}{\partial x^2} + V(x)\psi \tag{39}$$

となる．

1.7 エネルギー固有状態

ハミルトニアンはエネルギー演算子であるが，ハミルトニアンが顕在的に時間を含まないとき，その固有状態

$$\hat{H}|i\rangle = E_i|i\rangle \tag{40}$$

は時間が経過しても同じ固有状態にとどまるという特別な性質をもつ．すなわち，$|\psi(t=0)\rangle = |i\rangle$ なら，時刻 t では

$$|\psi(t)\rangle = \mathrm{e}^{-iE_i t/\hbar}|i\rangle \tag{41}$$

となり，位相が変化するのみである．一般の状態は，エネルギー固有状態の重ね合わせとして書くことができるが，エネルギーによって位相の変化する速さが違うため，時間の経過により異なる状態に移る．

状態空間の基底として，位置や運動量の固有状態を考えてきたが，ハミルトニアンの固有状態も基底としてよく使われる．一般に，異なるエネルギー固有値をもつ状態はお互いに直交する（内積が 0）．実際，2 つの状態 $\hat{H}|i\rangle = E_i|i\rangle$ ($i = 1, 2$) に対し，

$$0 = \langle 1|(\hat{H} - \hat{H})|2\rangle = (E_1 - E_2)\langle 1|2\rangle \tag{42}$$

で，$E_1 \neq E_2$ ならば $\langle 1|2\rangle = 0$ となる（ハミルトニアンがエルミートであることを用いた）．このように，エネルギー固有状態から自然に正規直交系を構成することができる．同じエネルギー固有値をもつ状態が複数ある場合（エネルギー縮退のある場合）には，それらのなかで適当な線形結合を選ぶことにより直交基底を構成できる．

エネルギー固有状態の波動関数に対する方程式

$$\hat{H}\psi(x) = E\psi(x) \tag{43}$$

は（時間によらない）シュレーディンガー方程式とよばれ，この解を得ることは量子力学における中心的な問題の1つである．

一般に，局在したエネルギー固有状態のエネルギー固有値は離散的な値をとる．これは，古典力学にはない量子力学に特徴的な事実の1つであり，原子や分子のエネルギー準位が離散的であることの説明となっている．

1.8 同時対角化

お互いに可換な演算子に対しては，状態空間の基底として同時固有状態をとることができる．これを同時対角化とよぶ．

たとえば，自由粒子のハミルトニアン

$$\hat{H} = \frac{\hat{p}^2}{2m} \tag{44}$$

の場合，ハミルトニアンは $\hat{x}$ を含まないので，運動量と可換である．

$$[\hat{H}, \hat{p}] = 0 \tag{45}$$

このとき，運動量の固有状態 (16) は同時にエネルギー固有状態でもあり，その固有値は $E = p^2/2m$ である．

もう1つの例として，ポテンシャルが偶関数

$$V(-x) = V(x) \tag{46}$$

である場合を考える．このとき，パリティ（空間反転）

$$\hat{P} : x \to -x \tag{47}$$

のもとでハミルトニアンは不変である（運動量演算子は符号を変える．$\hat{p} \to -\hat{p}$）．

パリティ変換は2回くり返して行うと元に戻る（$\hat{P}^2 = 1$）．したがって，

$\hat{P}$ の固有値として許されるのは ± 1 であり，対応する固有関数はそれぞれ，偶関数，奇関数である．

偶関数ポテンシャルに対するハミルトニアンの固有状態は，もし縮退がなければ同時にパリティの固有状態にもなっており，偶関数か奇関数のいずれかである．縮退がある場合には，適当に基底を選ぶことによって，パリティの固有関数が得られる．たとえば，上の自由粒子の場合はパリティ不変であるが，1 つのエネルギー固有値 E に対し，運動量 $p = \pm\sqrt{2mE}$ の 2 つの独立な状態が存在する．これらの波動関数 $\mathrm{e}^{\pm ipx/\hbar}$ はパリティの固有関数ではないが，2 つの線形結合としてそれぞれ偶関数，奇関数である $\cos(px/\hbar), \sin(px/\hbar)$ をとることができる．

1.9 古典力学との対応

位置・運動量の不確定性が無視できるような状況では，量子力学は古典力学に帰着する．古典力学の位置・運動量の値に対応する量は，位置・運動量の期待値である．これらがどのように時間変化するかを調べよう．

まず，確率の保存則をみておく．確率密度

$$P(x,t) = |\psi(x,t)|^2 \tag{48}$$

のほかに，量

$$j(x,t) = \frac{\hbar}{2im}\left(\psi^* \frac{\partial \psi}{\partial x} - \frac{\partial \psi^*}{\partial x}\psi\right) \tag{49}$$

を定義すると，シュレーディンガー方程式 (36) および (37) より，

$$\frac{\partial P}{\partial t} + \frac{\partial j}{\partial x} = 0 \tag{50}$$

という連続方程式が示せる．j は確率流の密度と解釈でき，式 (50) は確率の保存を意味している．

これを用いて，位置の期待値の時間変化は

$$\frac{\mathrm{d}}{\mathrm{d}t}\langle x \rangle = \int \mathrm{d}x\, x \frac{\partial}{\partial t}|\psi(x,t)|^2$$

$$= \frac{1}{m} \int \mathrm{d}x \psi^* \left(-i\hbar \frac{\partial}{\partial x} \right) \psi \tag{51}$$

ここで，波動関数が規格化可能（無限遠で十分速く 0 になる）と仮定した．すなわち，運動量の期待値 $\langle p \rangle$ は

$$\langle p \rangle = m \frac{\mathrm{d}}{\mathrm{d}t} \langle x \rangle \tag{52}$$

を満たす．

一方，運動量の期待値の時間変化は同様にして

$$\frac{\mathrm{d}}{\mathrm{d}t} \langle p \rangle = - \left\langle \frac{\partial V}{\partial x} \right\rangle \tag{53}$$

を満たすことが示せる．この右辺は $\langle x \rangle$ における古典的な力の表式

$$-\frac{\partial V(x)}{\partial x} \bigg|_{x=\langle x \rangle} \tag{54}$$

とは一般に異なるが，ポテンシャルの変化が粒子の広がりのスケールに比べて十分ゆっくりであれば等しいとみなせるので，このような場合には期待値がニュートンの運動方程式に従うことが帰結される．

1.10　3次元空間内の粒子

いままでは 1 次元空間内の粒子を扱ってきたが，3 次元空間の場合も基本的に同様である．状態空間の基底としては位置の固有状態

$$\hat{\boldsymbol{x}} | \boldsymbol{x} \rangle = \boldsymbol{x} | \boldsymbol{x} \rangle \tag{55}$$

をとることができ，波動関数は 3 次元の空間座標の関数 $\psi(\boldsymbol{x})$ となる．これに対する運動量は

$$\hat{\boldsymbol{p}} = -i\hbar \nabla \tag{56}$$

正準交換関係式は

$$[p_i, x_j] = -i\hbar \delta_{ij} \qquad i = 1, 2, 3 \tag{57}$$

と書ける．ポテンシャル $V(\boldsymbol{x})$ 中の粒子に対するハミルトニアンは

$$\hat{H} = \frac{\hat{\boldsymbol{p}}^2}{2m} + V(\hat{\boldsymbol{x}}) \tag{58}$$

となる．

運動量の固有状態

$$\hat{\boldsymbol{p}}|\boldsymbol{p}\rangle = \boldsymbol{p}|\boldsymbol{p}\rangle \tag{59}$$

の波動関数は

$$\psi_{\boldsymbol{p}}(\boldsymbol{x}) = \frac{1}{(2\pi\hbar)^{3/2}}\,\mathrm{e}^{i\boldsymbol{p}\cdot\boldsymbol{x}/\hbar} \tag{60}$$

で与えられる平面波である．

確率の保存則も 1 次元の場合と同様に成立する．確率密度および確率流密度をそれぞれ

$$P(\boldsymbol{x},t) = |\psi(\boldsymbol{x},t)|^2 \tag{61}$$

$$\boldsymbol{j}(\boldsymbol{x},t) = \frac{\hbar}{2im}\left(\psi^*\nabla\psi - (\nabla\psi^*)\psi\right) \tag{62}$$

と定義すると，連続方程式

$$\frac{\partial P}{\partial t} + \nabla\cdot\boldsymbol{j} = 0 \tag{63}$$

がシュレーディンガー方程式より導かれる．

1.11　電磁場中の荷電粒子

電磁場のなかで運動する荷電粒子を考える．厳密には，荷電粒子と電磁場の両方を量子力学的に扱うことが必要だが，実際上，外から加えられた電磁場を古典的な場と近似してよい場合は多い．

古典力学における荷電粒子のハミルトニアンは，粒子の電荷を q とすると SI 単位系では

$$H = \frac{1}{2m}\left(\boldsymbol{p} - q\boldsymbol{A}(\boldsymbol{x},t)\right)^2 + q\phi(\boldsymbol{x},t) \tag{64}$$

と書ける．ここで，$\phi(\boldsymbol{x},t)$, $\boldsymbol{A}(\boldsymbol{x},t)$ はそれぞれ（荷電粒子の位置における）電磁場のスカラーポテンシャル，ベクトルポテンシャルであり，これを用いて電磁場は

$$\boldsymbol{E} = -\nabla\phi - \frac{\partial}{\partial t}\boldsymbol{A} \tag{65}$$

$$\boldsymbol{B} = \nabla \times \boldsymbol{A} \tag{66}$$

と表せる．古典運動方程式を求めると，ローレンツ力の法則

$$\boldsymbol{F} = q(\boldsymbol{E} + \boldsymbol{v} \times \boldsymbol{B}) \tag{67}$$

が得られる（CGS ガウス単位系では式 (64), (65) 中の $\boldsymbol{A}$ を $\boldsymbol{A}/c$ で置きかえ，式 (67) 中の $\boldsymbol{v}$ を $\boldsymbol{v}/c$ で置きかえる）．

量子力学に移行するには，ハミルトニアン (64) 中の $\boldsymbol{x}, \boldsymbol{p}$ を量子力学的演算子と読み替えればよいが，第 1 項にはこの両方が含まれているので，演算子の順序に注意が必要である．この場合には，ハミルトニアンのエルミート性より，

$$\left(\boldsymbol{p} - q\boldsymbol{A}(\boldsymbol{x},t)\right)^2 \to \left(\hat{\boldsymbol{p}} - q\boldsymbol{A}(\hat{\boldsymbol{x}},t)\right) \cdot \left(\hat{\boldsymbol{p}} - q\boldsymbol{A}(\hat{\boldsymbol{x}},t)\right) \tag{68}$$

とすればよいことがわかる．整理すると

$$\hat{H} = \frac{\hat{\boldsymbol{p}}^2}{2m} - \frac{q}{m}\boldsymbol{A}(\hat{\boldsymbol{x}},t)\cdot\hat{\boldsymbol{p}} + \frac{i\hbar q}{2m}(\nabla\cdot\boldsymbol{A}(\hat{\boldsymbol{x}},t)) + \frac{q^2}{2m}\boldsymbol{A}(\hat{\boldsymbol{x}},t)^2 + q\phi(\hat{\boldsymbol{x}},t) \tag{69}$$

1.12　ゲージ変換

与えられた電磁場に対し，対応する電磁ポテンシャルは一意的に決まらない．この自由度は，電磁ポテンシャルに対するゲージ変換

$$\begin{aligned}\phi &\to \phi + \frac{\partial\Lambda}{\partial t} \\ \boldsymbol{A} &\to \boldsymbol{A} - \nabla\Lambda\end{aligned} \tag{70}$$

（$\Lambda = \Lambda(\boldsymbol{x},t)$ は任意関数）で表され，物理的に意味のない自由度である．ゲージ変換のもとで，電磁場は不変であり，古典電磁力学では運動方程式

は電磁場のみによるので，粒子の運動は当然ゲージに依存しない．

量子力学では，ハミルトニアンに電磁ポテンシャルが含まれているため，そのままでは問題である．実は，荷電粒子の波動関数も式 (70) と同時に変換

$$\psi(\boldsymbol{x},t) \to e^{-iq\Lambda(\boldsymbol{x},t)/\hbar}\psi(\boldsymbol{x},t) \tag{71}$$

してやる必要がある．これらの変換によって，シュレーディンガー方程式は（全体にかかる位相因子を除いて）不変であることが確かめられる．変換 (71) は波動関数の位相を変化させるだけなので，存在確率密度は変わらない．

1.13 多自由度の系

N 個の粒子からなる系も 1 粒子の場合同様に扱うことができる．粒子 i ($i = 1, ..., N$) の位置を $\boldsymbol{x}_i$ とすれば，波動関数は $3N$ 変数の関数 $\psi(\boldsymbol{x}_1,...,\boldsymbol{x}_n)$ となり，運動量は $\hat{\boldsymbol{p}}_i = -i\hbar\nabla_{\boldsymbol{x}_i}$ で与えられる．正準交換関係式はこれに対応して

$$[(\hat{p}_i)_k, (\hat{x}_j)_l] = -i\hbar\delta_{ij}\delta_{kl}, \qquad k, l = 1, 2, 3 \tag{72}$$

となる．ハミルトニアンは一般に

$$\hat{H} = \sum_{i=1}^{N} \frac{\hat{\boldsymbol{p}}_i}{2m_i} + V(\hat{\boldsymbol{x}}_1,...,\hat{\boldsymbol{x}}_N) \tag{73}$$

と書ける．

粒子の数が変化（生成消滅）したり，粒子の種類が反応によって転化するような場合は，いまの枠組みでは取り扱うことができない．このような場合には，場の量子論を用いる必要がある．

1.14 2体問題

2粒子系で，ポテンシャルが粒子間の距離のみによっている場合，すなわちハミルトニアンが

$$\hat{H} = \frac{\hat{\bm{p}}_1^2}{2m_1} + \frac{\hat{\bm{p}}_2^2}{2m_2} + V(\hat{\bm{x}}_1 - \hat{\bm{x}}_2) \tag{74}$$

で与えられる場合は，古典力学と同様に重心運動と相対運動の分離が可能である．

重心座標 $\bm{X}$ および相対座標 $\bm{x}$ を

$$\bm{X} = \frac{m_1\bm{x}_1 + m_2\bm{x}_2}{m_1 + m_2} \tag{75}$$

$$\bm{x} = \bm{x}_1 - \bm{x}_2 \tag{76}$$

と定義する．このとき対応する重心運動量 $\bm{P}$，相対運動量 $\bm{p}$ は

$$\bm{P} = \bm{p}_1 + \bm{p}_2 \tag{77}$$

$$\bm{p} = \frac{1}{m_1 + m_2}(m_2\bm{p}_1 - m_1\bm{p}_2) \tag{78}$$

で与えられ，ハミルトニアンは

$$H = \frac{\hat{\bm{P}}^2}{2(m_1 + m_2)} + \frac{\hat{\bm{p}}^2}{2\mu} + V(\bm{x}) \tag{79}$$

となる．ここで

$$\mu = \frac{m_1 m_2}{m_1 + m_2} \tag{80}$$

は換算質量である．

各粒子の位置と運動量演算子の正準交換関係式を用いて，重心・相対座標，運動量の交換関係式を導くと

$$[\hat{P}_i, \hat{X}_j] = -i\hbar\delta_{ij} \tag{81}$$

$$[\hat{p}_i, \hat{x}_j] = -i\hbar\delta_{ij} \tag{82}$$

$$[\hat{P}_i, \hat{x}_j] = 0 \tag{83}$$

$$[\hat{p}_i, \hat{X}_j] = 0 \tag{84}$$

となり，それぞれが独立に正準交換関係式を満たしていることがわかる．すなわち，座標空間の波動関数に対し，

$$\hat{\bm{P}} \to -i\hbar\nabla_{\bm{X}} , \qquad \hat{\bm{p}} \to -i\hbar\nabla_{\bm{x}} \tag{85}$$

ハミルトニアンが重心と相対の部分の和に書けていることから，シュレーディンガー方程式は変数分離でき，波動関数は重心部分と相対部分の積にとることができる．重心運動の部分は自由粒子に対するのと同じ形の方程式となり，相対運動に関する方程式は

$$\left[-\frac{\hbar^2}{2\mu}\nabla^2 + V(\bm{x})\right]\psi(\bm{x}) = E\psi(\bm{x}) \tag{86}$$

と，ポテンシャルが $V(\bm{x})$ で与えられる1体問題に帰着する．このときの質量は，古典力学と同様に換算質量となる．

1.15　同種粒子系と統計性

電子，光子のような素粒子は，お互いに区別することが原理的に不可能である．実際，同種粒子複数個を含む系のハミルトニアンは，2つの同種粒子の自由度（位置，運動量）をお互いに入れかえてもまったく同じ形となる．この交換の操作を P_{12} と表すと，$P_{12}{}^2 = 1$ であるから固有値は ± 1 であり，固有値 $+1$ の固有関数は交換に対し対称，固有値 -1 の固有関数は反対称となる．ハミルトニアンと P_{12} が可換であることから，エネルギー固有関数は2粒子の交換に対し対称か反対称のどちらかであるように選べる．

じつは，自然界では対称な状態・反対称な状態のうち，粒子によりいずれか片方の状態しか実在しないことが知られている．対称な波動関数しか存在しない粒子をボース粒子（ボソン，ボース-アインシュタイン統計に従う粒子），反対称な波動関数しか存在しない粒子をフェルミ粒子（フェルミオ

ン，フェルミ–ディラック統計に従う粒子）とよぶ．たとえば，電子はフェルミ粒子，光子はボース粒子である．

ここでは，粒子の状態が位置座標のみで記述できるとして考えたが，粒子がスピンのような内部自由度をもつ場合には，その内部自由度を記述する量と位置座標をすべて入れかえたときの対称・反対称を考える必要がある．

1.16 パウリの排他律

同種フェルミ粒子系の波動関数が入れかえに対し反対称であることの重要な帰結として，原子の構造にも決定的な影響を与えるパウリの排他律がある．

ポテンシャル $V(\boldsymbol{x})$ 中の N 個の同種フェルミ粒子の系を考える．粒子同士の相互作用を考えない場合には（独立粒子近似）

$$\hat{H} = \sum_{i=1}^{N} \left[\frac{\hat{\boldsymbol{p}}_i^2}{2m} + V(\boldsymbol{x}_i) \right] \tag{87}$$

これは同一の1粒子ハミルトニアンの和なので，フェルミ統計の制限がなければ，エネルギー固有関数は1粒子ハミルトニアンの固有関数

$$\left[\frac{\hat{\boldsymbol{p}}^2}{2m} + V(\boldsymbol{x}) \right] u_E(\boldsymbol{x}) = E u_E(\boldsymbol{x}) \tag{88}$$

の積

$$\psi(\boldsymbol{x}_1, \ldots, \boldsymbol{x}_N) = u_{E_1}(\boldsymbol{x}_1) \cdots u_{E_N}(\boldsymbol{x}_N) \tag{89}$$

で書ける．フェルミ統計で許される固有関数は，これを反対称化して得られる．たとえば，$N=2$ の場合は

$$\psi(\boldsymbol{x}_1, \boldsymbol{x}_2) = \frac{1}{\sqrt{2}} \left[u_{E_1}(\boldsymbol{x}_1) u_{E_2}(\boldsymbol{x}_2) - u_{E_2}(\boldsymbol{x}_1) u_{E_1}(\boldsymbol{x}_2) \right] \tag{90}$$

一般の N では，任意の2粒子の座標の入れかえのもとで反対称な表式として

$$\psi(\boldsymbol{x}_1,\ldots,\boldsymbol{x}_N) = \frac{1}{\sqrt{N!}} \det \begin{pmatrix} u_{E_1}(\boldsymbol{x}_1) & u_{E_1}(\boldsymbol{x}_2) & \cdots & u_{E_1}(\boldsymbol{x}_N) \\ u_{E_2}(\boldsymbol{x}_1) & & & \\ \vdots & & \ddots & \vdots \\ u_{E_N}(\boldsymbol{x}_1) & & \cdots & u_{E_N}(\boldsymbol{x}_N) \end{pmatrix} \tag{91}$$

が得られる．この表式に含まれる N 種類の固有関数 $u_{E_1}(\boldsymbol{x}),\ldots,u_{E_N}(\boldsymbol{x})$ のうち，もし同じものがあれば反対称性により 0 になってしまうので，N 個の粒子はすべて異なる状態にならなければならない（エネルギー縮退がなければ，全部違うエネルギーをもつことになる）．

これに対し，ボース粒子の場合は波動関数が対称なので，2 個以上の粒子が同じ状態をとることが可能になる．

1.17 ハイゼンベルク描像

いままでは，状態空間の中で状態ベクトルが時間とともに運動するという記述をしてきたが，運動する状態ベクトル自体を用いて座標系を定義することも可能である．この場合は，時間発展を担うのは状態空間に作用する演算子となる．このような記述法をハイゼンベルク描像とよび，いままでの記述をシュレーディンガー描像とよぶ．

シュレーディンガー描像からハイゼンベルク描像に移行するには，つぎのような時間に依存する基底の変換をしてやればよい．以下ハミルトニアンは時間依存性をもたないとする．状態ベクトルの時間発展

$$|\psi(t)\rangle = e^{-i\hat{H}t/\hbar}|\psi_0\rangle \tag{92}$$

を頭に置いて，ハイゼンベルク描像の状態ベクトルを

$$|\psi\rangle_H = e^{i\hat{H}t/\hbar}|\psi(t)\rangle = |\psi_0\rangle \tag{93}$$

と定義すれば，これに対応して演算子は

$$\hat{x}_H(t) = e^{i\hat{H}t/\hbar}\hat{x}e^{-i\hat{H}t/\hbar} \tag{94}$$

$$\hat{p}_H(t) = e^{i\hat{H}t/\hbar}\hat{p}e^{-i\hat{H}t/\hbar} \tag{95}$$

という時間依存性をもつ．

これら演算子の時間発展は

$$i\hbar\frac{d}{dt}\hat{x}_H = [\hat{x}_H, \hat{H}] \tag{96}$$

$$i\hbar\frac{d}{dt}\hat{p}_H = [\hat{p}_H, \hat{H}] \tag{97}$$

で与えられ[†4]，さらに $\hat{x}$ と $\hat{p}$ で表される一般の演算子に対しても

$$i\hbar\frac{d}{dt}\hat{A}_H = [\hat{A}_H, \hat{H}] \tag{98}$$

が成り立つ．演算子 $\hat{A}$ がシュレーディンガー表示で顕在的に時間依存性を含んでいる場合

$$\hat{A}(\hat{x}, \hat{p}, t)$$

には，この時間変数に対する微分の項が付け加わる．

$$i\hbar\frac{d}{dt}\hat{A}_H = [\hat{A}_H, \hat{H}] + i\hbar\frac{\partial \hat{A}_H}{\partial t} \tag{99}$$

これらをハイゼンベルクの運動方程式とよぶ．

演 習 問 題

[1] ディラックのデルタ関数 $\delta(x)$ は，以下の性質
  (1) $x \neq 0$ に対し，$\delta(x) = 0$
  (2) 関数 $f(x)$ に対し，

$$\int dx\, f(x)\delta(x) = f(0) \quad \text{(積分区間は 0 を含む任意の区間)}$$

をみたす「関数」(超関数) である．デルタ関数は最終的には積分することを前提としていると考えてよく，部分積分，変数変換など自由に行える．デルタ関数についての以下の性質を示せ．(積分を含まない式は，

[†4] ハミルトニアンはそれ自身と可換なので，どちらの描像でも同じ表式となる．

任意関数を掛けて積分したものについて示せばよい.)

(a) $\int dx\, \delta(x) = 1$

(b) $\int dx\, \delta(x-y) f(x) = f(y)$ （積分区間は y を含む任意の区間）

(c) $\delta(ax) = \dfrac{1}{|a|} \delta(x)$

(d) 階段関数 $\theta(x)$ を
$$\theta(x) = \begin{cases} 1 & x > 0 \\ 0 & x < 0 \end{cases}$$
と定義すると,
$$\delta(x) = \frac{d}{dx} \theta(x)$$

[2] 式 (7) により状態空間の内積を定義したとき，これが内積が一般にもつべき以下の性質をみたしていることを示せ.

(a) 線形性 $(\psi, c_1 \psi_1 + c_2 \psi_2) = c_1(\psi, \psi_1) + c_2(\psi, \psi_2)$

(b) 共役性 $(\psi_2, \psi_1) = (\psi_1, \psi_2)^*$

(c) 正値性 $(\psi, \psi) \geq 0$ （等号は $\psi = 0$ の場合のみ）

[3] 位置の固有状態が式 (12) のように規格化されているとき，それを用いて定義された運動量の固有状態 (17) が $\langle p_1 | p_2 \rangle = \delta(p_1 - p_2)$ と規格化されることを示せ.

[4] 式 (21) で定義した運動量の期待値が式 (20) で定義したものと同等であることを示せ.

[5] 状態 $|\psi\rangle$ の運動量の期待値は,
$$\langle p \rangle = \langle \psi | \hat{p} | \psi \rangle = \int dx' \int dx\, \langle \psi | x' \rangle \langle x' | \hat{p} | x \rangle \langle x | \psi \rangle$$
と書ける．式 (22) を使って，これが式 (21) の形に書けることを示せ．ただし，波動関数は規格化可能であり，したがって遠方で十分速く 0 になるものとする (運動量演算子はここでは状態ベクトルのみに作用することに注意).

[6] エルミート共役に関する以下の性質を証明せよ.

(a) $(A+B)^\dagger = A^\dagger + B^\dagger$

(b) $(cA)^\dagger = c^* A^\dagger$ （c は定数）

(c) $(AB)^\dagger = B^\dagger A^\dagger$

[7] 交換子 $[A, B] = AB - BA$ に対する以下の性質を証明せよ.

(a) $[B, A] = -[A, B]$
(b) $[A_1+A_2, B] = [A_1, B] + [A_2, B]$
(c) $[cA, B] = c[A, B]$ (c は定数)
(d) $[A_1 A_2, B] = A_1[A_2, B] + [A_1, B]A_2$
(e) $[A, [B, C]] + [B, [C, A]] + [C, [A, B]] = 0$ (ヤコビの恒等式)

[8] 位置と運動量の間の不確定性関係 (34) を以下のようにして示せ.

(a) 内積に関するコーシー–シュワルツの不等式

$$|(\boldsymbol{a},\boldsymbol{b})|^2 \leq (\boldsymbol{a},\boldsymbol{a})(\boldsymbol{b},\boldsymbol{b}) \quad (\text{等号は } \boldsymbol{b}=c\boldsymbol{a} \ (c \text{ は複素数}) \text{ のとき})$$

を示せ (例えば, $(\boldsymbol{b},\boldsymbol{b})\boldsymbol{a} - (\boldsymbol{a},\boldsymbol{b})\boldsymbol{b}$ なるベクトルのノルムを考えるとよい).

(b) この不等式は, 関数 $f(x), g(x)$ についても

$$\left|\int dx \bigl(f(x)\bigr)^* g(x)\right|^2 \leq \int dx\, |f(x)|^2 \int dx'\, |g(x')|^2$$

という形で成立する. これを用いて不等式

$$(\Delta x)^2 (\Delta p)^2 \geq |\langle \hat{x}'\hat{p}' \rangle|^2$$

を導け. ただし $\hat{x}' = \hat{x} - \langle x \rangle$, $\hat{p}' = \hat{p} - \langle p \rangle$ である.

(c) 関係 $\hat{x}'\hat{p}' = \frac{1}{2}\bigl([\hat{x}',\hat{p}'] + (\hat{x}'\hat{p}' + \hat{p}'\hat{x}')\bigr)$ を用い, $(\hat{x}'\hat{p}' + \hat{p}'\hat{x}')$ の期待値が実であることに注意して, 式 (34) を示せ.

[9] 状態空間のシュレーディンガー方程式 (36) より波動関数に対するシュレーディンガー方程式 (39) を導け.

[10] 確率保存の式 (50) を示せ.

[11] ゲージ変換 (70), (71) により, (64) のハミルトニアンに対するシュレーディンガー方程式が不変に保たれることを確かめよ.

2章
1次元固有値問題

2.1 箱の中の自由粒子

長さ a の箱の中に閉じこめられた粒子,すなわちポテンシャル

$$V(x) = \begin{cases} 0 & -\dfrac{a}{2} < x < \dfrac{a}{2} \\ \infty & \text{それ以外} \end{cases} \tag{100}$$

中の粒子を考える.箱の内部での波動関数は,自由粒子と同じく

$$\psi(x) = A_+ e^{ikx} + A_- e^{-ikx}, \quad E = \frac{\hbar^2 k^2}{2m}$$

($A_\pm$ は定数) と表せる.壁における波動関数の境界条件は

$$\psi\left(-\frac{a}{2}\right) = \psi\left(\frac{a}{2}\right) = 0 \tag{101}$$

で与えられるので,

$$\begin{pmatrix} e^{ika/2} & e^{-ika/2} \\ e^{-ika/2} & e^{ika/2} \end{pmatrix} \begin{pmatrix} A_+ \\ A_- \end{pmatrix} = 0$$

この同次方程式が解をもつためには $e^{2ika} = 1$ が必要であり,k の値が制限される.すなわち,エネルギー固有値は

$$E_n = \frac{n^2 \pi^2 \hbar^2}{2ma^2}, \quad n = 1, 2, \ldots \tag{102}$$

対応する固有関数は,$-a/2 < x < a/2$ に対し

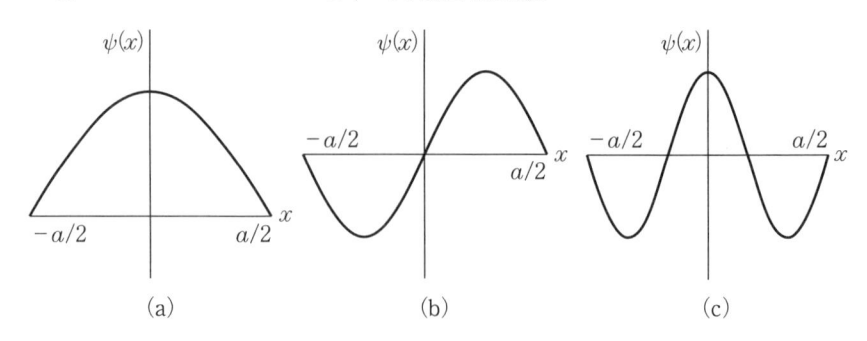

図1 箱の中の粒子の波動関数. (a) 基底状態 ($n = 1$), (b) 第1励起状態 ($n = 2$), (c) 第2励起状態 ($n = 3$)

$$\psi_n(x) = \begin{cases} N_n \cos \dfrac{n\pi}{a} x & n \text{ 奇数} \\ N_n \sin \dfrac{n\pi}{a} x & n \text{ 偶数} \end{cases} \tag{103}$$

(N_n は規格化定数) となる. 図1にそのいくつかを示す. 固有関数は偶関数 (n が奇数のとき) または奇関数 (n 偶数) となっているが, これはハミルトニアンがパリティ不変性をもつことによる.

前章の無限空間の場合には, エネルギー固有値は任意の正の値が可能であるため, 連続スペクトルをもっていたが, ここでは有限空間に制限されていることに関連して, 1.7節で述べたように離散スペクトルになっている. 一般に, 粒子の広がりが有限の場合には, エネルギー固有値が離散的な値しか許されない.

2.2 井戸型ポテンシャル

長さ a, 深さ V_0 のポテンシャル

$$V(x) = \begin{cases} -V_0 & -\dfrac{a}{2} < x < \dfrac{a}{2} \\ 0 & \text{それ以外} \end{cases} \tag{104}$$

中の粒子で，エネルギー固有値が $-V_0 < E < 0$ の場合（束縛状態）を考える．波動関数の形は，井戸の中では

$$\psi(x) = A_+ e^{iqx} + A_- e^{-iqx} \qquad -\frac{a}{2} < x < \frac{a}{2},$$

$$\hbar q = [2m(V_0 + E)]^{1/2}$$

（$A_\pm$ は定数），外では規格化可能な解に限ると

$$\psi(x) = \begin{cases} B_- e^{-\kappa x} & x > \dfrac{a}{2} \\ B_+ e^{+\kappa x} & x < -\dfrac{a}{2} \end{cases}$$

$$\hbar\kappa = (-2mE)^{1/2}$$

（$B_\pm$ は定数）と書ける．境界においては，シュレーディンガー方程式が2階の方程式であることから，波動関数とその微分係数が連続であるという条件が課される．

パリティ不変性より，解は偶関数，奇関数のいずれかとなるが，解が存在するための条件は，偶関数の場合

$$\tan\frac{qa}{2} = \frac{\kappa}{q} \tag{105}$$

奇関数の場合

$$\cot\frac{qa}{2} = -\frac{\kappa}{q} \tag{106}$$

となる．

この方程式の解は閉じた形には書けないが，解の性質は簡単に調べることができる．無次元量

$$\lambda = \frac{\sqrt{2mV_0}\,a}{\pi\hbar} \tag{107}$$

を用いると，束縛状態の解の個数は λ を超えない最大の整数で与えられる．また，エネルギー固有値を

$$E_n = \frac{\pi^2 \hbar^2}{2ma^2}(y_n^2 - \lambda^2) \qquad n = 1, 2, \ldots \tag{108}$$

という形に書くと，$n-1 < y_n < n$ であり，波動関数は，エネルギーの低

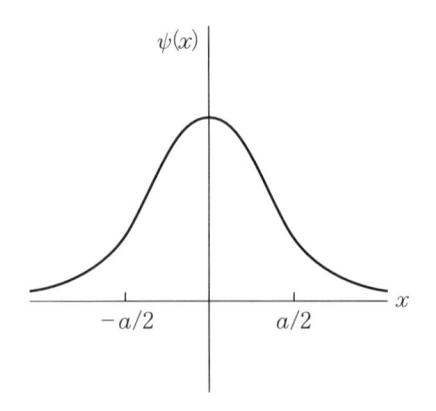

図 2 井戸型ポテンシャル中の粒子の基底状態の波動関数．古典力学的には禁止領域である $|x| > a/2$ にも指数関数的な波動関数の「しみだし」がある．図 1(a) との違いに注意．

いほうから，偶関数，奇関数が交互に現れる．基底状態の波動関数を図 2 に示す．

2.3 調和振動子

調和振動子の系は，厳密に解が求められる数少ない問題の 1 つであると同時に，きわめて応用範囲が広い．

この系のハミルトニアンは

$$\hat{H} = \frac{\hat{p}^2}{2m} + \frac{1}{2}m\omega^2 x^2 \tag{109}$$

と書くことができる．古典力学的には，この系を記述する定数は質量 m と振動数 ω であり，長さの次元をもつ量はない．単振動の周期が振幅によらないのはこのことと深く関係している．量子力学ではプランク定数が加わるので，長さの次元をもつ量として $\sqrt{\hbar/m\omega}$ が存在する．これを単位として長さを計ると便利である．無次元量

$$\xi = \sqrt{\frac{m\omega}{\hbar}}x$$

を用いてハミルトニアンを書くと

$$\hat{H} = \frac{1}{2}\hbar\omega\left(-\frac{\mathrm{d}^2}{\mathrm{d}\xi^2} + \xi^2\right) \tag{110}$$

となる．固有値方程式

$$\left(\frac{\mathrm{d}^2}{\mathrm{d}\xi^2} - \xi^2 + 2\varepsilon\right)\psi(\xi) = 0 \tag{111}$$

($\varepsilon = E/\hbar\omega$) の規格化可能な解が存在するのはエネルギーが

$$E_n = \left(n + \frac{1}{2}\right)\hbar\omega \qquad n = 0, 1, \ldots \tag{112}$$

の場合で，固有関数は

$$\psi_n(x) = N_n H_n(\xi) \mathrm{e}^{-\frac{1}{2}\xi^2} \tag{113}$$

と求められる．ここで，H_n はエルミート多項式

$$H_n(\xi) = (-1)^n \mathrm{e}^{\xi^2} \frac{\mathrm{d}^n}{\mathrm{d}\xi^n} \mathrm{e}^{-\xi^2} \tag{114}$$

規格化定数 N_n は

$$N_n = \left(\frac{\hbar}{\pi^{1/2} 2^n n! m\omega}\right)^{1/2} \tag{115}$$

となる．$H_0 = 1$, $H_1 = 2\xi$, 偶（奇）数の n に対しては H_n は偶（奇）関数である．

2.4 昇降演算子による解法

調和振動子の系は，エネルギー準位の間隔が一定であるという特徴的な性質をもつが，この場合のみに適用できる固有値問題の解法として，昇降演算子の方法がある．これは，場の量子論において基本的な重要性をもつ方法である．

つぎのお互いにエルミート共役な演算子

$$a = \frac{1}{\sqrt{2}}\left(\xi + \frac{\mathrm{d}}{\mathrm{d}\xi}\right) \tag{116}$$

$$a^\dagger = \frac{1}{\sqrt{2}}\left(\xi - \frac{\mathrm{d}}{\mathrm{d}\xi}\right) \tag{117}$$

を定義すると，ハミルトニアン (110) は

$$\hat{H} = \hbar\omega\left(a^\dagger a + \frac{1}{2}\right) \tag{118}$$

と書け，演算子間には

$$[a, a^\dagger] = 1 \tag{119}$$

$$[\hat{H}, a] = -\hbar\omega a \tag{120}$$

$$[\hat{H}, a^\dagger] = \hbar\omega a^\dagger \tag{121}$$

という交換関係式が成立する．

これより，あるエネルギー固有関数に $a\,(a^\dagger)$ を作用させた状態はエネルギーが $-\hbar\omega\,(\hbar\omega)$ だけ異なるエネルギー固有状態になっていることが導かれる．これら演算子 $a, a^\dagger$ は昇降演算子とよばれる．

ハミルトニアンの期待値がつねに正であることから，最低エネルギーの状態（基底状態）が存在するはずである．この状態は，a を作用させたときに 0 にならなければならないので，基底状態の波動関数 ψ_0 は

$$\left(\xi + \frac{\mathrm{d}}{\mathrm{d}\xi}\right)\psi_0(\xi) = 0$$

を満たすことがわかる（この解は確かに前節で与えた解に一致している）．励起状態の波動関数は，この基底状態に $a^\dagger$ を 1 回ずつ作用させることによって順次得られる．これより，エネルギー固有値が式 (112) で与えられること，縮退のないこともわかる．

演 習 問 題

[1] 井戸型ポテンシャルの境界における波動関数の接続条件（波動関数とその微分が連続）から出発し，ポテンシャルの段差を無限に高くする極限をとることにより，箱の中の粒子に対する波動関数の境界条件を導け．

[2] 2.2 節の終わりに述べられている解の性質を確かめよ．

[3] 調和振動子の固有値方程式 (111) の規格化可能な解が存在する条件を調べる．
  (a) 方程式のパリティ不変性より，解は偶関数または奇関数に選べる．原点付近における方程式のふるまいから，$\xi \sim 0$ において，解は $\psi(\xi) \to \mathrm{const.}$（偶関数の場合），$\psi(\xi) \sim \xi$（奇関数の場合）とふるまうことを確かめよ．
  (b) 遠方 $\xi \to \pm\infty$ において解がおよそ $\psi \sim e^{\pm \xi^2/2}$ のようにふるまうことを確かめよ．規格化可能なためには $\psi \sim e^{-\xi^2/2}$ でなければならない．
  (c) 問 (b) のふるまいを頭に入れて $\psi(\xi) = f(\xi) e^{-\xi^2/2}$ と書いたとき，f に対する方程式が
  $$f'' - 2\xi f' + (2\varepsilon - 1)f = 0$$
  （$'$ は ξ 微分）となることを示せ．
  (d) 関数 f を次のように級数展開する．
  $$f(\xi) = \sum_{k=0} c_k \xi^k$$
  [(a) より $c_0 \neq 0$ または $c_0 = 0, c_1 \neq 0$.] 係数の間に漸化式
  $$c_{k+2} = \frac{2k + 1 - 2\varepsilon}{(k+1)(k+2)} c_k$$
  が成り立つことを示せ．
  (e) この級数が無限に続いたとすると，$f(\xi) \sim e^{\xi^2}$ となり，ψ が規格化可能でなくなることを確かめよ．
  (f) この級数が有限で切れる条件から，$\varepsilon = n + 1/2$ となる自然数 $n \geq 0$ が存在し，エネルギー固有値が 式 (112) となることを示せ．

3章
角 運 動 量

　角運動量は，応用上重要なだけでなく，量子力学の特徴のいくつかが典型的に現れるテーマである．まず，量子力学では角運動量の3つの成分のすべてが確定値をとることができず，最高で1成分しか同時には確定しない．また，角運動量の大きさ（固有値）は離散値しかとれない．しかもその値は考えている系に関係なく，必ず $\hbar/2$ の整数倍でなければならない．多くの系では，基底状態や低い励起状態の角運動量は0かそれに近いため，角運動量が連続値をとれないことの効果は著しい．

3.1　軌道角運動量

　軌道角運動量は，古典力学と同様に

$$\hat{\boldsymbol{L}} = \hat{\boldsymbol{x}} \times \hat{\boldsymbol{p}} \tag{122}$$

で定義される（この場合，$\hat{\boldsymbol{x}} \times \hat{\boldsymbol{p}} = -\hat{\boldsymbol{p}} \times \hat{\boldsymbol{x}}$ で，演算子の順序の問題はなく，$\hat{\boldsymbol{L}}$ はエルミートである）．この量は作用と同じ次元をもっている．正準交換関係式 (57) を用いると，角運動量演算子は交換関係式

$$[\hat{L}_i, \hat{x}_j] = i\hbar \epsilon_{ijk} \hat{x}_k \tag{123}$$

$$[\hat{L}_i, \hat{p}_j] = i\hbar \epsilon_{ijk} \hat{p}_k \tag{124}$$

を満たすことが示せる．ここで ϵ_{ijk} は $\epsilon_{123} = +1$ の完全反対称テンソルである．さらに，角運動量の成分同士の交換子は

$$[\hat{L}_i, \hat{L}_j] = i\hbar \epsilon_{ijk} \hat{L}_k \tag{125}$$

となることがわかる．このように，角運動量の 3 つの成分は可換でないため，1 つを対角化するような基底をとると，他の 2 つは対角化できない．一方，角運動量の大きさ（の 2 乗）$\hat{\boldsymbol{L}}^2$ は，各成分全部と可換である．

$$[\hat{\boldsymbol{L}}^2, \hat{L}_i] = 0 \tag{126}$$

したがって，$\hat{\boldsymbol{L}}^2$ と $\hat{\boldsymbol{L}}$ の成分のうち 1 つ（たとえば $\hat{L}_z$）の同時固有関数を構成することができる．

球座標

$$x = r\sin\theta\cos\phi, \quad y = r\sin\theta\sin\phi, \quad z = r\cos\theta$$

を用いて表すと，

$$\hat{\boldsymbol{L}}^2 = -\hbar^2 \left(\frac{\partial^2}{\partial \theta^2} + \cot\theta \frac{\partial}{\partial \theta} + \frac{1}{\sin^2\theta} \frac{\partial^2}{\partial \phi^2} \right) \tag{127}$$

$$\hat{L}_z = -i\hbar \frac{\partial}{\partial \phi} \tag{128}$$

となり，動径座標 r にはよらない．よって，角運動量の固有関数は角度座標 θ, ϕ の関数となる．

$$\hat{\boldsymbol{L}}^2 Y_{lm}(\theta, \phi) = l(l+1)\hbar^2 Y_{lm}(\theta, \phi) \tag{129}$$

$$\hat{L}_z Y_{lm}(\theta, \phi) = m\hbar Y_{lm}(\theta, \phi) \tag{130}$$

後の便宜上，固有値をそれぞれ $l(l+1)\hbar^2$，$m\hbar$ と書いた．

これらの微分方程式の解は，特異性のないことおよび一価性を要請すると，l が整数（0 または正の整数としてよい）で，m が $-l \leq m \leq l$ をみたす整数の場合にのみ存在する．その具体的な形は，

$$Y_{lm}(\theta, \phi) = N_{lm} P_l^{|m|}(\cos\theta) \mathrm{e}^{im\phi} \tag{131}$$

となる.ここで,P_l^m はルジャンドルの陪関数で,$m=0$ の場合はルジャンドルの多項式

$$P_l^0(w) = P_l(w) = \frac{1}{2^l l!}\frac{\mathrm{d}^l}{\mathrm{d}w^l}(w^2-1)^l \tag{132}$$

$m>0$ に対しては

$$P_l^m(w) = (1-w^2)^{m/2}\frac{\mathrm{d}^m P_l(w)}{\mathrm{d}w^m} \tag{133}$$

で与えられる.また,規格化定数は

$$N_{lm} = \epsilon\sqrt{\frac{(2l+1)}{4\pi}\frac{(l-|m|)!}{(l+|m|)!}} \tag{134}$$

このなかの ϵ は符号因子で,後の便宜上

$$\epsilon = \begin{cases} (-1)^m & m\geq 0 \\ 1 & m<0 \end{cases} \tag{135}$$

と選ぶ.

Y_{lm} は,球面調和関数または球関数とよばれ,量子力学において重要な役割を果たす.

これらの具体的な形をいくつかあげておく.

$$P_0 = 1 \tag{136}$$

$$P_1 = \cos\theta \tag{137}$$

$$P_1^1 = \sin\theta \tag{138}$$

$$P_2 = \frac{1}{2}(3\cos^2\theta - 1) \tag{139}$$

$$Y_{00} = \frac{1}{\sqrt{4\pi}} \tag{140}$$

$$Y_{10} = \sqrt{\frac{3}{4\pi}}\cos\theta \tag{141}$$

$$Y_{1,\pm 1} = \mp\sqrt{\frac{3}{8\pi}}\sin\theta\, e^{\pm i\phi} \tag{142}$$

角運動量の大きさ(すなわち l)を固定すると,独立な状態は $-l\leq m\leq l$ の $2l+1$ 個が存在する.前述のように,これらの状態は L_z の確定値 $m\hbar$ を

もっているが，他の成分 L_x, L_y は確定しない状態である（$l=0$ を除き）．しかし，$2l+1$ 個の状態を重ね合わせることにより，L_x や L_y の固有状態を得ることができる．これは，座標系の向きのとり方が本来任意であることから予想される．たとえば，関数 $Y_{11} - Y_{1,-1}$ は，$\hat{L}_x$ の固有値 0 の固有関数である．

3.2 角運動量の代数と状態

前節では，1粒子の軌道角運動量を扱ったが，複数個の粒子系の場合を考えてみる．N 個の粒子系で，粒子 i ($i=1, ..., N$) の位置および運動量を $\hat{\boldsymbol{x}}^{(i)}, \hat{\boldsymbol{p}}^{(i)}$ と書けば，粒子 i の軌道角運動量は

$$\hat{\boldsymbol{L}}^{(i)} = \hat{\boldsymbol{x}}^{(i)} \times \hat{\boldsymbol{p}}^{(i)} \tag{143}$$

で与えられる．全系の角運動量は

$$\hat{\boldsymbol{L}}^{(\text{tot})} = \sum_{i=1}^{N} \boldsymbol{L}^{(i)} \tag{144}$$

と定義できる．$\hat{\boldsymbol{L}}^{(\text{tot})}$ の3成分のあいだの交換関係は，式 (72) を用いて計算すると，1粒子の軌道角運動量の場合，式 (125) と同じ形のものになることがわかる．

じつは，5章でみるように，角運動量演算子は系を回転する操作の生成子であり，この交換関係式は，微小回転演算子が満たす一般的性質である．

以下では，具体的な表示を離れて，角運動量を一般的に交換関係式

$$[\hat{J}_i, \hat{J}_j] = i\hbar \epsilon_{ijk} \hat{J}_k \tag{145}$$

を満たす演算子 $\hat{\boldsymbol{J}}$ として特徴づけたとし，その固有状態にどのような状態が存在しうるかという問題を考える．

まず，前節のように，$\hat{J}_z$ の固有状態を考える．$\hat{\boldsymbol{J}}^2$ は $\hat{J}_z$ と可換なので，同時固有状態をとることができる．これらの固有値をそれぞれ $j(j+1)\hbar^2$, $m\hbar$ と書き，固有状態を $|jm\rangle$ と書くことにすると，

3.2　角運動量の代数と状態

$$\hat{\boldsymbol{J}}^2|jm\rangle = j(j+1)\hbar^2|jm\rangle \tag{146}$$

$$\hat{J}_z|jm\rangle = m\hbar|jm\rangle \tag{147}$$

となる.

残る 2 つの成分 $\hat{J}_x$ と $\hat{J}_y$ を組み合わせた演算子

$$\hat{J}_\pm = \hat{J}_x \pm i\hat{J}_y \tag{148}$$

を考えると，これらの満たす交換関係式は

$$[\hat{J}_z, \hat{J}_+] = \hbar\hat{J}_+ \tag{149}$$

$$[\hat{J}_z, \hat{J}_-] = -\hbar\hat{J}_- \tag{150}$$

$$[\hat{J}_+, \hat{J}_-] = 2\hbar\hat{J}_z \tag{151}$$

$$[\hat{\boldsymbol{J}}^2, \hat{J}_\pm] = 0 \tag{152}$$

となる.

つぎに，演算子 $\hat{J}_\pm$ の状態に対する作用を調べる．まず，状態 $\hat{J}_+|jm\rangle$ を考えると，$\hat{J}_+$ が $\hat{\boldsymbol{J}}^2$ と可換であることより，この状態は $\hat{\boldsymbol{J}}^2$ の固有状態で，固有値は同じ $j(j+1)\hbar^2$ である．

$$\begin{aligned}\hat{\boldsymbol{J}}^2(\hat{J}_+|jm\rangle) &= \hat{J}_+\hat{\boldsymbol{J}}^2|jm\rangle \\ &= \hat{J}_+ j(j+1)\hbar^2|jm\rangle \\ &= j(j+1)\hbar^2(\hat{J}_+|jm\rangle)\end{aligned}$$

また，状態 $\hat{J}_+|jm\rangle$ に $\hat{J}_z$ を作用させると，

$$\begin{aligned}\hat{J}_z(\hat{J}_+|jm\rangle) &= \big([J_z, J_+] + J_+J_z\big)|jm\rangle \\ &= \big(\hbar J_+ + J_+ m\hbar\big)|jm\rangle \\ &= (m+1)\hbar(\hat{J}_+|jm\rangle)\end{aligned}$$

状態 $\hat{J}_+|jm\rangle$ は J_z の固有状態であり，$|jm\rangle$ よりも固有値が $\hbar$ だけ大きいということがわかる．

同様にして，$\hat{J}_-|jm\rangle$ は $\hat{\boldsymbol{J}}^2$ と J_z の同時固有状態で，その固有値はそれ

それ $j(j+1)\hbar^2$, $(m-1)\hbar$ であることが示せる.

このように, $\hat{J}_\pm$ は,「角運動量の大きさ」j を変えず, 角運動量の z 成分 m を変化させる. これは, 後に述べるように, 角運動量演算子が空間回転の生成子になっていることと関連している.

つぎに, 状態 $\hat{J}_+|jm\rangle$ にさらに $\hat{J}_-$ を作用させるとどうなるかを調べる. この状態は $J_z = m\hbar$ の固有状態であることは, 上のことからわかるが,

$$\begin{aligned}\hat{J}_-\hat{J}_+ &= (\hat{J}_x - i\hat{J}_y)(\hat{J}_x + i\hat{J}_y) \\ &= \hat{J}_x^2 + \hat{J}_y^2 + i[\hat{J}_x, \hat{J}_y] \\ &= \hat{\boldsymbol{J}}^2 - \hat{J}_z^2 - \hbar\hat{J}_z\end{aligned} \quad (153)$$

に注意すると, 状態 $\hat{J}_-\hat{J}_+|jm\rangle$ は元の状態 $|jm\rangle$ に比例しており, 新しい状態ではない. 状態 $\hat{J}_+\hat{J}_-|jm\rangle$ も同様である.

これらのことから, 角運動量の大きさ $\hat{\boldsymbol{J}}^2$ がある一定の固有値をもつ状態がグループをなしており, それらは z 成分が $\pm\hbar$ だけ異なり, 隣同士を $\hat{J}_\pm$ が結びつけているという, 状態が 1 列に並んでいる構造が明らかになった.

この状態列は, 無限に続きえないことがつぎのようにしてわかる. 演算子

$$\hat{\boldsymbol{J}}^2 - \hat{J}_z^2 = \hat{J}_x^2 + \hat{J}_y^2 \quad (154)$$

は非負値の演算子なので, その固有値は正または 0 である. したがって, 必ず

$$j(j+1) - m^2 \geq 0 \quad (155)$$

である. 状態に $\hat{J}_+$ をくり返し作用させると m の値はいくらでも大きくなりうるので, いつかは上の不等式を満たさなくなってしまう. この問題が起こらないためには, この列がある所で切れること, すなわち, ある $m = m_\mathrm{max}$ に対し

$$\hat{J}_+|jm_\mathrm{max}\rangle = 0 \quad (156)$$

となっている必要がある.

これが可能かどうかであるが, いままでの考察からは, $\hat{J}_+|jm\rangle$ が状態

3.2 角運動量の代数と状態

$|j, m+1\rangle$ に比例することがわかっている

$$\hat{J}_+|jm\rangle = c|j, m+1\rangle \tag{157}$$

のみであるので，この式に含まれる係数 c を求める必要がある．各状態は

$$\langle j'm'|jm\rangle = \delta_{jj'}\delta_{mm'} \tag{158}$$

と規格化されているとする．$\hat{J}_+^\dagger = \hat{J}_-$ に注意して

$$\langle jm|\hat{J}_- = c^*\langle j, m+1| \tag{159}$$

式 (157) および (159) より

$$\langle jm|\hat{J}_-\hat{J}_+|jm\rangle = |c|^2\langle j, m+1|j, m+1\rangle = |c|^2$$

であるが，

$$\hat{J}_-\hat{J}_+ = \hat{J}_x^2 + \hat{J}_y^2 + i[\hat{J}_x, \hat{J}_y] = \hat{\boldsymbol{J}}^2 - \hat{J}_z^2 - \hbar\hat{J}_z \tag{160}$$

を用いて

$$\langle jm|\hat{J}_-\hat{J}_+|jm\rangle = [j(j+1)\hbar^2 - m^2\hbar^2 - m\hbar^2]\langle jm|jm\rangle$$
$$= (j+m-1)(j-m)\hbar^2 \tag{161}$$

状態同士の相対位相をうまく選べば

$$c = \sqrt{(j+m-1)(j-m)}\hbar \tag{162}$$

とできる．この結果より，式 (156) が起こるためには

$$m_{\max} = j \tag{163}$$

でなければならない．

同様のことは m の負の側でも起こる必要がある．すなわち，$m = m_{\min}$ が存在して

$$\hat{J}_-|jm_{\min}\rangle = 0 \tag{164}$$

式 (160) を状態 $|j, m-1\rangle$ に作用させ，上で求めた結果を用いると

$$\hat{J}_-|jm\rangle = \sqrt{(j-m-1)(j+m)}\hbar|j, m-1\rangle \tag{165}$$

が得られる．これから $m_{\min} = -j$ でなければならない．

この両端での条件より，$m_{\max} - m_{\min} = 2j$ である．一方で，状態 $|jm_{\max}\rangle$ と $|jm_{\min}\rangle$ は $J_\pm$ の作用により結びついているので $m_{\max} - m_{\min}$ は整数である．この2つから，角運動量の大きさ j は整数または半整数でなければならない．

$$j = 0, \frac{1}{2}, 1, \frac{3}{2}, 2, \ldots$$

また，各 j に対し，$2j+1$ 個の独立な状態が存在することが結論される．

$$m = -j, -j+1, \ldots, j$$

このように，数学的な可能性としてどのような状態が存在しうるかがわかった．前節で扱った軌道角運動量の固有状態の場合は，j は整数のみが可能であり半整数は許されない．しかし，次節で述べるように，粒子が固有にもつ角運動量（スピン）の場合は，半整数のものが自然界に存在している．

3.3 スピン

古典力学では，構造をもつ物体（剛体や質点系の全体）は回転の自由度をもち，それに付随した角運動量をもつ．量子力学においても，自転に対応した角運動量が存在する．とくに，量子力学に特徴的な事実として，広がりをもたない粒子でも固有の角運動量をもちうることがあげられる．これは，その粒子に付随した固有角運動量で，粒子によって決まった大きさをもっており，その粒子のスピンとよばれる．

スピン角運動量の演算子を $\boldsymbol{S}$ と書くと，その成分のあいだには軌道角運動量の場合と同じ形の交換関係式

$$[\hat{S}_i, \hat{S}_j] = i\epsilon_{ijk}\hbar S_k \tag{166}$$

が成立する．スピンの大きさは，前節の一般的考察に基づき

$$\hat{\boldsymbol{S}}^2|ss_z\rangle = s(s+1)\hbar^2|ss_z\rangle \tag{167}$$

と定義でき，$s = 0, 1/2, 1, \ldots$ の値をとりうる．

3.4 スピンと統計

粒子のスピンは，その粒子が満たす統計性と深い関連がある．スピンが整数の粒子はボース–アインシュタイン統計に従い（ボース粒子，ボソン），半整数の粒子はフェルミ–ディラック統計に従う（フェルミ粒子，フェルミオン）．このことは，相対論的不変性をもつ場の理論に基づいて一般的な仮定から証明することができる．

素粒子では，電子，ミューオンなどのレプトン，ニュートリノ，クォークはスピン 1/2 をもつフェルミ粒子であり，W 粒子，Z 粒子はスピン 1 のボース粒子である．また，光子は，静止系をもたないのでスピンの定義を拡張する必要があるが，スピン 1 のボソンということができる．

3.5 スピン 1/2 の状態

スピン 1/2 の状態は，角運動量状態空間のもっとも簡単な例となっていると同時に，電子がスピン 1/2 をもっていることから応用上も重要である．

スピン 1/2 の状態には，スピンの z 成分が $\pm\frac{1}{2}\hbar$ の 2 つの独立な状態が存在する．それらを $|+\rangle$，$|-\rangle$ と書くことにすると，

$$\hat{\boldsymbol{S}}^2|\pm\rangle = \frac{1}{2}\left(\frac{1}{2}+1\right)\hbar^2|\pm\rangle = \frac{3}{4}\hbar^2|\pm\rangle \tag{168}$$

$$\hat{S}_z|\pm\rangle = \pm\frac{1}{2}\hbar|\pm\rangle \tag{169}$$

一般の状態は，この 2 つの状態の線形結合として表される．

$$|c\rangle = c_+|+\rangle + c_-|-\rangle \tag{170}$$

ここで $c_\pm$ は複素定数である（規格化すれば $|c_+|^2 + |c_-|^2 = 1$ を満たす）．

昇降演算子 $\hat{S}_\pm = \hat{S}_x \pm i\hat{S}_y$ の作用は

$$\hat{S}_+|+\rangle = 0, \qquad \hat{S}_+|-\rangle = \hbar|+\rangle$$
$$\hat{S}_-|+\rangle = \hbar|-\rangle, \quad \hat{S}_-|-\rangle = 0 \tag{171}$$

となる.

これらから，スピン演算子の $|\pm\rangle$ を基底にとった行列表示がつぎのように得られる．

$$S_i = \begin{pmatrix} \langle +|\hat{S}_i|+\rangle & \langle +|\hat{S}_i|-\rangle \\ \langle -|\hat{S}_i|+\rangle & \langle -|\hat{S}_i|-\rangle \end{pmatrix} = \frac{\hbar}{2}\sigma_i \tag{172}$$

ここで，

$$\sigma_1 = \begin{pmatrix} 0 & 1 \\ 1 & 0 \end{pmatrix}, \quad \sigma_2 = \begin{pmatrix} 0 & -i \\ i & 0 \end{pmatrix}, \quad \sigma_3 = \begin{pmatrix} 1 & 0 \\ 0 & -1 \end{pmatrix} \tag{173}$$

これら 3 つの行列 σ_i はパウリ行列とよばれる．

一般の状態 (170) のスピン演算子の期待値は

$$\langle c|\hat{\boldsymbol{S}}|c\rangle = \frac{\hbar}{2}\begin{pmatrix} c_+^* & c_-^* \end{pmatrix} \boldsymbol{\sigma} \begin{pmatrix} c_+ \\ c_- \end{pmatrix}$$
$$= \hbar\left(\text{Re}(c_+^* c_-), \text{Im}(c_+^* c_-), \frac{1}{2}(|c_+|^2 - |c_-|^2)\right) \tag{174}$$

と求められる．この期待値ベクトルは，一定の大きさ $\hbar/2$ をもち，その向きを極座標 (θ, φ) で表すと，

$$\langle \hat{\boldsymbol{S}} \rangle = \frac{\hbar}{2}(\sin\theta\cos\varphi, \sin\theta\sin\varphi, \cos\theta) \tag{175}$$

対応する係数は

$$c_+ = \cos\frac{\theta}{2}, \quad c_- = \sin\frac{\theta}{2}e^{i\varphi} \tag{176}$$

ととれる（c_+ と c_- の相対位相は物理的意味をもつが，共通の位相は任意である）．

このように，スピン 1/2 の状態空間は式 (170) の実 4 次元（複素 2 次元）のうち規格化と全体の位相の自由度を除いた実 2 次元空間 (CP^1) で

あって，その各状態にはスピン期待値ベクトルの向きを対応させることができる．すなわち，古典的な角運動量ベクトルの描像がある意味で成立する．ただし，期待値ベクトルの大きさは $\frac{1}{2}\hbar$ であるが，これは $\hat{\boldsymbol{S}}^2$ の固有値の大きさ $\frac{3}{4}\hbar^2$ の平方根とは異なっている．

注意しておくと，スピンベクトルの期待値の大きさがこのように一定であるのは，スピン 1/2 の状態の特殊性であり，スピン 1 以上の場合は状態によって大きさは異なる．たとえば，スピン 1 の場合は，$J_z = 1$ の状態はスピンベクトルの期待値が大きさ $\hbar$ であるのに対し，$J_z = 0$ の状態では 0 である．

スピン 1/2 をもつ粒子の状態を記述するには，空間座標とスピン自由度の両方を指定する必要がある．独立な状態ベクトルとして $|\boldsymbol{x}, \pm\rangle$ ($\pm$ は $s_z = \pm 1/2$ に対応) を選べば，一般の状態は 2 成分の波動関数 $\psi_\alpha(\boldsymbol{x})$ ($\alpha = \pm$) を用いて

$$|\psi\rangle = \sum_{\alpha=\pm} \int \mathrm{d}x \, \psi_\alpha(\boldsymbol{x}) |\boldsymbol{x}, \alpha\rangle \tag{177}$$

と表せる．スピン部分を行列表示すれば，

$$\begin{pmatrix} \psi_+(\boldsymbol{x}) \\ \psi_-(\boldsymbol{x}) \end{pmatrix} \tag{178}$$

と書くことができる．

3.6 定常磁場中の電子スピンの運動

電子は，磁気双極子モーメントをもっている．その向きはスピンに平行で，

$$\boldsymbol{\mu} = -\frac{ge}{2m}\boldsymbol{S} \tag{179}$$

(SI; CGS ガウス系では右辺に $1/c$ をかける）と書いたとき，g は回転磁気比とよばれる無次元量であり，ほぼ $g = 2$ である（これらの事実は 10 章で述べるように，相対論的なディラック方程式から導出することができ

る)．電子に外部から時間的空間的に一定の磁場 $\boldsymbol{B}$ を加えたとき，電子の運動を記述するハミルトニアンには，項

$$\hat{H}_{\mathrm{int}} = -\hat{\boldsymbol{\mu}} \cdot \boldsymbol{B} \tag{180}$$

が付け加わる．磁場はマクロで古典的に取り扱ってよいものとし，この項以外にはハミルトニアンはスピン依存性をもたないとする．磁場の方向を z 軸にとり，$\boldsymbol{B} = (0,0,B)$ とする．電子のスピン状態のみに注目し，スピン演算子を行列表示すると $(\hat{\boldsymbol{S}} \to \frac{1}{2}\hbar\boldsymbol{\sigma})$

$$\hat{H}_{\mathrm{int}} = \frac{ge\hbar B}{4m}\sigma_3 \tag{181}$$

時刻 $t=0$ で，スピンが状態

$$|t{=}0\rangle = c_+|+\rangle + c_-|-\rangle \tag{182}$$

にあったとすると，時刻 t では

$$\begin{aligned}|t\rangle &= \mathrm{e}^{-iHt/\hbar}|t{=}0\rangle \\ &= \mathrm{e}^{-i\frac{geB}{4m}t}c_+|+\rangle + \mathrm{e}^{+i\frac{geB}{4m}t}c_-|-\rangle\end{aligned} \tag{183}$$

となる．最初にスピンが z 軸方向を向いていた場合 $[(c_+,c_-) = (1,0)$ または $(0,1)]$ は，時間とともに状態の位相が変化するのみで向きは変わらない．その他の場合には，$|+\rangle$ と $|-\rangle$ の相対位相が変化するので，時間とともに状態が変化する．たとえば，$t=0$ でスピンが x 軸方向を向いていた場合 $[(c_+,c_-) = (1/\sqrt{2}, 1/\sqrt{2})]$ では，スピンの期待値は

$$\langle \hat{\boldsymbol{S}} \rangle = \frac{\hbar}{2}\left(\cos\frac{geB}{2m}t, \sin\frac{geB}{2m}t, 0\right) \tag{184}$$

となり，xy 平面内で角振動数 $\omega = geB/2m$ で回転する．

3.7　角運動量の合成

ポテンシャル中の電子は，軌道角運動量 $\hat{\boldsymbol{L}} = \hat{\boldsymbol{x}} \times \hat{\boldsymbol{p}}$ およびスピン角運動量 $\hat{\boldsymbol{S}}$ をもつ．これらの量のあいだには，つぎの交換関係式が成立する．

3.7 角運動量の合成

$$[\hat{L}_i, \hat{L}_j] = i\hbar\epsilon_{ijk}\hat{L}_k \tag{185}$$

$$[\hat{S}_i, \hat{S}_j] = i\hbar\epsilon_{ijk}\hat{S}_k \tag{186}$$

$$[\hat{L}_i, \hat{S}_j] = 0 \tag{187}$$

最後の関係は，2つが状態空間の別の自由度に作用することによる．これらを用いて，電子のもつ全角運動量は

$$\hat{\boldsymbol{J}} = \hat{\boldsymbol{L}} + \hat{\boldsymbol{S}} \tag{188}$$

と定義できる．電子にかぎらずスピンをもつ粒子の全角運動量は一般に同じ形に書ける．この3成分のあいだの交換子を求めると

$$[\hat{J}_i, \hat{J}_j] = i\hbar\epsilon_{ijk}\hat{J}_k \tag{189}$$

となり，$\hat{\boldsymbol{J}}^2$ と $\hat{J}_z$ の同時固有状態

$$\hat{\boldsymbol{J}}^2|jj_z\rangle = j(j+1)\hbar^2|jj_z\rangle \tag{190}$$

$$\hat{J}_z|jj_z\rangle = j_z\hbar|jj_z\rangle \tag{191}$$

が存在する．

電子の角運動量の状態は，軌道部分とスピン部分の自由度を用いて $|ll_zs_z\rangle$ と表すこともできるが，これらの状態の全角運動量はどうなっているか，すなわち，これらの状態と全角運動量 (j, j_z) で特徴づけられる状態はどのように関係しているかは自明ではない．これは，角運動量の合成とよばれる問題の1つの例である．

一般的に，2つの独立な角運動量 $\hat{\boldsymbol{J}}_1$, $\hat{\boldsymbol{J}}_2$ から合成角運動量 $\hat{\boldsymbol{J}} = \hat{\boldsymbol{J}}_1 + \hat{\boldsymbol{J}}_2$ を定義したとする．それぞれの角運動量の大きさが j_1, j_2 である状態にかぎると，全部で $(2j_1+1)(2j_2+1)$ 個の独立な状態 $|(j_1j_2)j_{1z}j_{2z}\rangle$ が存在する．これらの状態が合成角運動量演算子 $\hat{\boldsymbol{J}}^2, \hat{J}_z$ の固有状態 $|(j_1j_2)jj_z\rangle$ とどのような関係にあるかを導くことが目的である．数学的には，回転群の2つの既約表現の積表現を既約分解することに対応している．

3.8　2つのスピン 1/2 の合成

まず，スピン 1/2 の粒子 2 つからなる系の全スピン角運動量を考える（軌道角運動量が $l=0$ の場合には全角運動量に等しい）．各粒子のスピンを $\hat{\boldsymbol{S}}_1, \hat{\boldsymbol{S}}_2$ と書くと，全スピン $\hat{\boldsymbol{S}}$ は

$$\hat{\boldsymbol{S}} = \hat{\boldsymbol{S}}_1 + \hat{\boldsymbol{S}}_2 \tag{192}$$

と表せる．$\hat{\boldsymbol{S}}_1$ と $\hat{\boldsymbol{S}}_2$ の成分はお互いに可換である．

スピン自由度のみに注目すると，独立な状態は 4 つあり，$\hat{S}_{1z}$ および $\hat{S}_{2z}$ の固有状態に選べる．

$$\hat{S}_{1z}|s_{1z}s_{2z}\rangle = s_{1z}\hbar|s_{1z}s_{2z}\rangle \tag{193}$$

$$\hat{S}_{2z}|s_{1z}s_{2z}\rangle = s_{2z}\hbar|s_{1z}s_{2z}\rangle \tag{194}$$

ここではこれらを簡単に

$$|++\rangle,\quad |+-\rangle,\quad |-+\rangle\quad |--\rangle \tag{195}$$

と書き，以後 $\hbar=1$ とする．これらの状態が $S_z = S_{1z} + S_{2z}$ の固有状態になっていることは容易に確かめることができ，固有値はそれぞれ 1, 0, 0, -1 である．

各スピンに対する昇降演算子

$$\hat{S}_{i\pm} = \hat{S}_{ix} \pm i\hat{S}_{iy} \qquad i=1,2 \tag{196}$$

と同様に，全スピンに対し

$$\hat{S}_\pm = \hat{S}_x \pm i\hat{S}_y \tag{197}$$

を定義すると，$\hat{\boldsymbol{S}}$ の満たす交換関係式より，これは $\hat{S}_z$ の固有値を ± 1 変える演算子になっていることがわかる．

まず，状態 $|++\rangle$ に注目する．これに $\hat{S}_+ = \hat{S}_{1+} + \hat{S}_{2+}$ を作用させると，式 (171) より

$$\hat{S}_+|++\rangle = 0 \tag{198}$$

が得られる．これは，この状態が $s_z = s$ の状態であることを意味しており，全スピンの大きさは 1 であることがわかる（実際に $\hat{S}^2$ を作用させて固有状態であることを確かめることができる）．この状態に $\hat{S}_-$ を作用させることにより，他の s_z をもつ状態を順次生成することができる．このようにして，全スピン 1 の 3 つの状態

$$s_z = +1: \quad |++\rangle \tag{199}$$

$$s_z = 0: \quad \frac{1}{\sqrt{2}}(|+-\rangle + |-+\rangle) \tag{200}$$

$$s_z = -1: \quad |--\rangle \tag{201}$$

が得られる．これらと直交する第 4 の状態

$$\frac{1}{\sqrt{2}}(|+-\rangle - |-+\rangle) \tag{202}$$

は全スピン 0 の状態であることが予想されるが，実際 $\hat{S}$ を作用させて確かめられる．

このように，スピン 1/2 を 2 つ合成すると，スピン 1 とスピン 0 の状態が得られる．2 つのスピンの交換のもとで，前者が対称，後者が反対称であることに注意を喚起しておく．

3.9　軌道角運動量とスピン 1/2 の合成

つぎに，ポテンシャル中の電子の全角運動量の例で扱ったように，軌道角運動量（大きさ l）とスピン 1/2 の合成式 (188) を考える．独立な状態は，$\hat{L}_z$ および $\hat{S}_z$ を対角化すると，

$$|l_z s_z\rangle, \quad l_z = -l, \ldots, l, \quad s_z = \pm\frac{1}{2} \tag{203}$$

の $2(2l+1)$ 個ある．前節と同じく，これらの状態は $j_z = l_z + s_z$ の固有値をもつ $\hat{J}_z$ の固有状態である．固有値 $j_z = l + \frac{1}{2}$ と $-l - \frac{1}{2}$ の状態はそれ

ぞれ 1 つあり，それ以外の固有値 $j_z = -l+\frac{1}{2}, \ldots, l-\frac{1}{2}$ の状態は 2 つずつある．最高固有値の状態 $|l,+\frac{1}{2}\rangle$ は $\hat{J}_+|l,+\frac{1}{2}\rangle = 0$ を満たすので全角運動量 $j = j_z = l + \frac{1}{2}$ の状態であることがわかる．これに $\hat{J}_-$ を作用させ，規格化すると，状態 $|j = l+\frac{1}{2}, j_z = l-\frac{1}{2}\rangle$ が得られる．

$$\frac{1}{\sqrt{2l+1}}\left(\sqrt{2l}|l-1,+\tfrac{1}{2}\rangle + |l,-\tfrac{1}{2}\rangle\right) \tag{204}$$

$j_z = l - \frac{1}{2}$ をもち，この状態と直交する状態

$$\frac{1}{\sqrt{2l+1}}\left(|l-1,+\tfrac{1}{2}\rangle - \sqrt{2l}|l,-\tfrac{1}{2}\rangle\right) \tag{205}$$

は $\hat{J}_+$ を作用させると 0 で，$j = l - \frac{1}{2}$ の状態であることが示される．これら 2 つの状態に順次 $\hat{J}_-$ を作用させることにより，全角運動量 $j = l \pm \frac{1}{2}$ の状態が全部得られる．状態数は $2(l+\frac{1}{2})+1 = 2l+2$ および $2(l-\frac{1}{2})+1 = 2l$ で，合わせて $2(2l+1)$ 個あり，すべての状態を尽くしていることがわかる．

3.10 一般の 2 つの角運動量の合成

2 つの角運動量 $\hat{\boldsymbol{J}}_1$ と $\hat{\boldsymbol{J}}_2$ の合成

$$\hat{\boldsymbol{J}} = \hat{\boldsymbol{J}}_1 + \hat{\boldsymbol{J}}_2 \tag{206}$$

も同じように取り扱うことができる．結果は，全角運動量の大きさが，$j = |j_1 - j_2|, |j_1 - j_2| + 1, \ldots, j_1 + j_2$ までの状態が 1 組ずつある．古典的な角運動量の場合は，三角不等式

$$||\boldsymbol{J}_1| - |\boldsymbol{J}_2|| \leq |\boldsymbol{J}_1 + \boldsymbol{J}_2| \leq |\boldsymbol{J}_1| + |\boldsymbol{J}_2| \tag{207}$$

が成立するが，量子力学でもこれとの対応がみられる．

各状態の構成法も同様である．こうして得られる $\hat{J}_{1z}$ と $\hat{J}_{2z}$ を対角化する基底と，$\hat{\boldsymbol{J}}^2$ と $\hat{J}_z$ を対角化する基底のあいだの関係

$$|j,j_z\rangle = \sum_{j_{1z},j_{2z}} (j_1 j_2 j j_z | j_1 j_2 j_{1z} j_{2z}) |j_{1z} j_{2z}\rangle \tag{208}$$

に現れる変換係数 $(j_1 j_2 j j_z | j_1 j_2 j_{1z} j_{2z})$ をクレブシューゴルダン係数とよぶ．

値をもつのは $j_z = j_{1z} + j_{2z}$ の場合のみである．

一般に，整数角運動量と整数角運動量を合成した結果は整数角運動量，半整数と整数の場合は半整数，半整数と半整数では整数となる．

3.11　複合粒子のスピンと統計

2個以上の粒子からなる系全体の角運動量は，各粒子のスピンと軌道角運動量を合成したものとなる．たとえば，2つの粒子からなる複合粒子の静止系における全角運動量は，相対運動の軌道角運動量と2つのスピンの合成である．これを複合粒子のスピンとみなすことができる．単独の粒子に対して成立するスピンと統計の関係は，複合粒子に対しても拡張することができる．奇数個のフェルミオンを含む系は，半整数スピンをもちフェルミ統計に従い，偶数個のフェルミオンを含む系は整数スピンのボソンである．

クォークからつくられるハドロンでは，陽子，中性子などはスピン 1/2 をもつフェルミ粒子であり，パイ中間子，K中間子などはスピン 0 のボース粒子である．原子核では，たとえば ^{4}He 原子核（α 粒子）はボソン，^{3}He 原子核はフェルミオンである．

演 習 問 題

[1] 波動関数
$$\psi(\boldsymbol{x}) = NR(r)\frac{a_i x_i}{r}$$
で表される状態を考える．ここで N, a_i ($i=1,2,3$) は定数である．

(a) R, a_i が
$$\int_0^\infty dr\, r^2 |R(r)|^2 = 1, \quad \sum_{i=1}^3 |a_i|^2 = 1$$
と規格化されているとして，ψ が 1 に規格化されるように定数 $N > 0$ を決定せよ．

(b) この状態が $\hat{\boldsymbol{L}}^2$ の固有状態になっていることを示し，固有値を求めよ．

(c) この状態に対し，$\hat{L}_i$ の期待値を求めよ．

(d) この状態が $\hat{L}_z$ の固有状態になるための条件を導き，固有値を求めよ．

[2] 2つの角運動量 1 の合成を 3.8, 3.9 節にならって具体的に遂行せよ．

[3] 窒素 14 の原子核は，陽子 7 個と中性子 7 個からできている．この核の従う統計はフェルミ統計，ボース統計のどちらか．中性子が発見される以前は，この核は陽子と電子からできていると考えられていた．この考えが正しかったとすると統計はどちらになるか（質量数と電荷を一致させること）．

4章
3次元固有値問題

4.1　中心力場の中の粒子

中心力ポテンシャルの中の粒子のハミルトニアン
$$\hat{H} = \frac{\hat{\boldsymbol{p}}^2}{2m} + V(r) \tag{209}$$
($r = (\boldsymbol{x}^2)^{1/2}$) は球対称であり，軌道角運動量演算子と可換である（以後，$\hat{L}_z$ の固有値にも m を用いるが，混同しないよう注意）．
$$[\hat{H}, \hat{L}_i] = 0 \tag{210}$$
したがって，エネルギー固有関数は同時に軌道角運動量の固有関数にとれる．すなわち，球座標表示すれば，角度依存性は球面調和関数で表される．
$$\psi(\boldsymbol{x}) = R(r) Y_{lm}(\theta, \phi) \tag{211}$$
$R(r)$ を動径波動関数とよぶ．

ハミルトニアンの式 (209) を球座標を用いて表すには，運動エネルギー項中のラプラシアンが
$$\begin{aligned}\nabla^2 &= \frac{\partial^2}{\partial r^2} + \frac{2}{r}\frac{\partial}{\partial r} + \frac{1}{r^2}\left(\frac{\partial^2}{\partial \theta^2} + \cot\theta \frac{\partial}{\partial \theta} + \frac{1}{\sin^2\theta}\frac{\partial^2}{\partial \phi^2}\right) \\ &= \frac{1}{r^2}\frac{\partial}{\partial r}r^2\frac{\partial}{\partial r} - \frac{1}{\hbar^2 r^2}\hat{\boldsymbol{L}}^2 \end{aligned} \tag{212}$$
と書けることに注意すれば，

$$H = -\frac{\hbar^2}{2m}\frac{1}{r^2}\frac{\partial}{\partial r}r^2\frac{\partial}{\partial r} + V(r) + \frac{1}{2mr^2}\hat{\boldsymbol{L}}^2 \tag{213}$$

となり，動径波動関数の満たす方程式は

$$-\frac{\hbar^2}{2m}\frac{1}{r^2}\frac{d}{dr}r^2\frac{dR}{dr} + \left[V(r) + \frac{l(l+1)\hbar^2}{2mr^2}\right]R(r) = ER(r) \tag{214}$$

で与えられる．

さらになじみのある形にするため

$$\chi(r) = rR(r) \tag{215}$$

と定義すると，$\chi(r)$ の満たす方程式は

$$-\frac{\hbar^2}{2m}\frac{d^2\chi}{dr^2} + \left[V(r) + \frac{l(l+1)\hbar^2}{2mr^2}\right]\chi = E\chi \tag{216}$$

となる．これは，1次元の場合の方程式と同じ形をしているが，ポテンシャルの部分が有効ポテンシャル

$$V_{\text{eff}}(r) = V(r) + \frac{l(l+1)\hbar^2}{2mr^2} \tag{217}$$

に置きかわっている．ここで付け加わった $1/r^2$ の項は，遠心力ポテンシャルに相当する部分である．また，r の動く範囲は半直線 $0 \le r < \infty$ 上であり，原点における境界条件は $\chi(0) = 0$, これを満たす解の振る舞いは

$$\chi(r) \sim r^{l+1}, \qquad R(r) \sim r^l \tag{218}$$

となる[†5]．

4.2 自由粒子

3次元空間における自由粒子は，ポテンシャル $V(r) = 0$ の場合である．このときのエネルギー固有状態は，運動量の固有状態である平面波

$$\psi_{\boldsymbol{p}}(\boldsymbol{x}) = \frac{1}{(2\pi\hbar)^{3/2}}e^{i\boldsymbol{k}\cdot\boldsymbol{x}} \tag{219}$$

[†5] ポテンシャル $V(r)$ が原点で $1/r^2$ か，それより強い特異性をもっていない場合．

に選ぶことができる．運動量の固有値は $\bm{p} = \hbar\bm{k}$, エネルギー固有値は

$$E = \frac{\hbar^2 \bm{k}^2}{2m} \tag{220}$$

であり，ベクトル $\bm{k}$ の向きの自由度に相当する無限個の縮退がある．

自由粒子の解の基底として，運動量の固有状態の代わりに，角運動量の固有状態をとることも可能である．前節に従って極座標を用い，角運動量 l の状態に対する動径波動関数に対する方程式は

$$\left[\frac{\mathrm{d}^2}{\mathrm{d}r^2} + \frac{2}{r}\frac{\mathrm{d}}{\mathrm{d}r} - \frac{l(l+1)}{r^2} + \bm{k}^2\right] R = 0 \tag{221}$$

となる．この方程式の解は球ベッセル関数 $j_l(kr), n_l(kr)$ $(k=|\bm{k}|)$ で与えられる．これらの具体形は，

$$j_l(\rho) = (-\rho)^l \left(\frac{1}{\rho}\frac{\mathrm{d}}{\mathrm{d}\rho}\right)^l \frac{\sin\rho}{\rho} \tag{222}$$

$$n_l(\rho) = -(-\rho)^l \left(\frac{1}{\rho}\frac{\mathrm{d}}{\mathrm{d}\rho}\right)^l \frac{\cos\rho}{\rho} \tag{223}$$

と表され，とくに $l = 0, 1$ に対しては

$$j_0(\rho) = \frac{\sin\rho}{\rho} \tag{224}$$

$$n_0(\rho) = -\frac{\cos\rho}{\rho} \tag{225}$$

$$j_1(\rho) = \frac{\sin\rho}{\rho^2} - \frac{\cos\rho}{\rho} \tag{226}$$

$$n_1(\rho) = -\frac{\cos\rho}{\rho^2} - \frac{\sin\rho}{\rho} \tag{227}$$

となる．

これらの原点付近での振る舞いは

$$j_l(\rho) \sim \frac{\rho^l}{(2l+1)!!}, \quad n_l(\rho) \sim -\frac{(2l-1)!!}{\rho^{l+1}} \tag{228}$$

で与えられ，原点を含めた領域で特異性をもたない解は j_l のみである．

また，無限遠での振る舞いは

$$j_l(\rho) \sim \frac{1}{\rho}\sin\left(\rho - \frac{1}{2}l\pi\right) \tag{229}$$

$$n_l(\rho) \sim -\frac{1}{\rho}\cos\left(\rho - \frac{1}{2}l\pi\right) \tag{230}$$

となる．

これら 2 つの独立な解の線形結合

$$h_l^{(1)} = j_l + i n_l , \quad h_l^{(2)} = j_l - i n_l \tag{231}$$

は $\rho \to \infty$ で

$$h_l^{(1)}(\rho) \sim -\frac{i}{\rho} e^{i(\rho - \frac{1}{2}l\pi)} \tag{232}$$

$$h_l^{(2)}(\rho) \sim \frac{i}{\rho} e^{-i(\rho - \frac{1}{2}l\pi)} \tag{233}$$

という漸近形をとる．

これらの動径波動関数で与えられる解は，角運動量の固有状態に対応し，球面波とよばれる．動径方向の確率流を求めるとわかるが，$h_l^{(1)}(kr)$, $h_l^{(2)}(kr)$ で与えられる解は，それぞれ外向き，内向きの球面波である．これらのもつ原点の特異性は，確率の保存より，片方のみでは全空間でのシュレーディンガー方程式の解とはなりえないことに起因する．

j_l で与えられる特異性のない球面波解は，いうまでもなく運動量の固有関数である平面波で展開することができ，その逆も成り立つ．たとえば，z 方向の平面波 e^{ikz} を球面波で展開すると

$$\mathrm{e}^{ikz} = \sum_{l=0}^{\infty}(2l+1)i^l j_l(kr) P_l(\cos\theta) \tag{234}$$

4.3　水　素　原　子

水素原子を理想化した系として，クーロン場中の荷電粒子の量子力学を考える．電子の電荷を $-e$，原点に電荷 $+Ze$ があるとして（水素原子の場合 $Z=1$），ハミルトニアンは

$$\hat{H} = \frac{\hat{\boldsymbol{p}}^2}{2m} - \frac{Ze^2}{r} \tag{235}$$

4.3 水素原子

(この節および次節では,式が煩雑になるのを避けるため CGS ガウス単位系を用いる.SI の場合は e^2 を $e^2/4\pi\varepsilon_0$ で置きかえればよい.)

中心力ポテンシャルであるから,動径部分と角度部分の分離が可能であり,動径波動関数に対する方程式は

$$\left[\frac{d^2}{dr^2} + \frac{2m}{\hbar^2}\left(E + \frac{Ze^2}{r}\right) - \frac{l(l+1)}{r^2}\right]\chi(r) = 0 \tag{236}$$

で与えられる.束縛状態 $E < 0$ を考えると,遠方 $r \to \infty$ での振る舞いは,

$$\chi(r) \approx \exp\left(-\sqrt{\frac{2m|E|}{\hbar^2}}r\right) \tag{237}$$

となることがわかる.そこで,

$$\rho = 2\sqrt{\frac{2m|E|}{\hbar^2}}r \tag{238}$$

なる無次元量を定義すると,動径方程式は

$$\left(\frac{d^2}{d\rho^2} - \frac{1}{4} + \frac{\lambda}{\rho} - \frac{l(l+1)}{\rho^2}\right)\chi(\rho) = 0 \tag{239}$$

となる.ここで

$$\lambda = \frac{Ze^2}{\hbar}\sqrt{\frac{m}{2|E|}} \tag{240}$$

と定義した.この方程式を解析すると,規格化可能な解が存在するためには,$j = \lambda - l$ が正の整数である必要があることがわかる.これから,エネルギー固有値

$$E_n = -\frac{Z^2 e^4 m}{2n^2 \hbar^2} \quad (n = 1, 2, 3, \ldots) \tag{241}$$

が得られる ($n = l + j$ と置いた).

各エネルギー固有値に対し,($n = 1$ 以外は)多重の縮退がある.n 番目の固有値について可能な l の値は $l = 0, 1, \ldots, n-1$ で,各 l に対し m の異なる $2l + 1$ 個の独立な状態が存在するので,縮重度は $\sum_{l=0}^{n-1}(2l+1) = n^2$ となる.

波動関数の一般形は,ラゲールの陪多項式を用いて表すことができる.規格化された固有関数は

$$\psi_{nlm}(r,\theta,\varphi) = R_{nl}(r)Y_{lm}(\theta,\varphi) \tag{242}$$

$$R_{nl}(r) = -\left[\frac{(n-l-1)!}{2n\big[(n+l)!\big]^3}\right]^{1/2}\left(\frac{2Z}{na_0}\right)^{3/2} \times \mathrm{e}^{-\frac{1}{2}\rho}\rho^l L_{n+l}^{2l+1}(\rho) \tag{243}$$

$$\rho = \frac{2Z}{na_0}r \tag{244}$$

ラゲールの陪多項式の具体的な形は，ラゲールの多項式

$$L_q(x) = \frac{\partial^q}{\partial s^q}\frac{\mathrm{e}^{-xs/(1-s)}}{1-s}\bigg|_{s=0} \tag{245}$$

を用いて，

$$L_q^p(x) = \frac{\mathrm{d}^p}{\mathrm{d}x^p}L_q(x) \tag{246}$$

で与えられる．あるいは

$$L_q^p(x) = \sum_{k=0}^{q-p}(-1)^{k+p}\frac{(q!)^2}{(q-p-k)!(p+k)!k!}x^k \tag{247}$$

また，式 (243)，(244) 中の定数 a_0 は

$$a_0 = \frac{\hbar^2}{e^2 m} \tag{248}$$

で定義され，ボーア半径とよばれる．動径波動関数が m に依存しないのは，ハミルトニアンの回転対称性による（5.2 節参照）．

基底状態，第一励起状態の動径波動関数の具体形は，

$$R_{10}(r) = \frac{1}{\sqrt{2}}\left(\frac{2Z}{a_0}\right)^{3/2}\mathrm{e}^{-Zr/a_0} \tag{249}$$

$$R_{20}(r) = \frac{1}{\sqrt{2}}\left(\frac{Z}{a_0}\right)^{3/2}\left(1-\frac{Z}{2a_0}r\right)\mathrm{e}^{-Zr/2a_0} \tag{250}$$

$$R_{21}(r) = \frac{1}{2\sqrt{6}}\left(\frac{Z}{a_0}\right)^{5/2}r\mathrm{e}^{-Zr/2a_0} \tag{251}$$

これらの波動関数に対して $\langle r \rangle$ を計算してみると，a_0 の程度になっていることがわかる．したがって，ボーア半径 $a_0 \approx 0.5 \times 10^{-10}$ m は原子の大きさのスケールを与える量であることがわかる．

基底状態の広がり $\langle r \rangle$ のスケールは，つぎのような簡単な議論によって

も理解することができる．ハミルトニアンは運動エネルギー項とポテンシャルエネルギー項の和になっているが，ポテンシャルエネルギーの期待値は

$$\langle V \rangle = -e^2 \langle \frac{1}{r} \rangle \approx -\frac{e^2}{\langle r \rangle} \tag{252}$$

($Z=1$ とした)．運動エネルギーの期待値 $\langle T \rangle = \langle \hat{\boldsymbol{p}}^2 \rangle / 2m$ は，不確定性関係

$$\langle \hat{\boldsymbol{p}}^2 \rangle \langle \hat{\boldsymbol{x}}^2 \rangle \gtrsim \hbar^2 \tag{253}$$

より，最低でも

$$\langle T \rangle \approx \frac{\hbar^2}{2m} \langle r^2 \rangle^{-1} \approx \frac{\hbar^2}{2m} \langle r \rangle^{-2} \tag{254}$$

この和が最小になるように $\langle r \rangle$ を決定すると，

$$\langle r \rangle \approx \frac{\hbar^2}{e^2 m} = a_0 \tag{255}$$

が得られる．

次元解析の観点では，水素原子の問題に関係する定数は m, e^2, $\hbar$ の3つであり，これらを組み合わせてつくることのできる長さの次元をもつ唯一の量がボーア半径である．これは $\hbar$ を含むので，本質的に量子力学的な量である．実際ニュートン力学では問題を特徴づける長さのスケールは存在しない．

4.4 微細構造定数

電子を特徴づける運動学的な（相互作用に関係しない）長さのスケールとして電子のコンプトン波長とよばれる量が，つぎのように定義される．

$$\lambda_\mathrm{e} = \frac{\hbar}{mc} \tag{256}$$

ここで，c は光速である．λ_e は 0.4×10^{-12} m の程度である．この量とボーア半径の比をとると，無次元量

$$\alpha = \frac{\lambda_\mathrm{e}}{a_0} = \frac{e^2}{\hbar c} \approx \frac{1}{137} \tag{257}$$

が得られる（SI では $\alpha = e^2/4\pi\varepsilon_0 \hbar c$）．この量は，微細構造定数とよばれ，電磁相互作用の強さを表す量である．水素原子の基底状態の電子の速度の期待値，束縛エネルギーの大きさはそれぞれ

$$\langle \hat{\boldsymbol{p}}^2 \rangle^{1/2}/m \approx \alpha c \tag{258}$$

$$E_1 = -\frac{1}{2}\alpha^2(mc^2) \tag{259}$$

となる．束縛エネルギーが静止エネルギーに比べて非常に小さい（10^{-4}）ことは，電磁力がそれほど強くなく，原子がゆるい束縛系であることを示している．また，いままで行ってきた非相対論的な取扱いが正当化されることがわかる．

演 習 問 題

[1] 方程式 (216) の解の原点におけるふるまいを考える．
  (a) 原点付近で $V(r)$ が遠心力ポテンシャルに比べて無視できるとき，方程式 (216) の原点付近での独立な解が $\chi(r) \sim r^{\ell+1}, r^{-\ell}$ とふるまうことを示せ．
  (b) $\ell \geq 1$ のとき，原点における波動関数の規格化可能性から，$\chi(r) \sim r^{\ell+1}$ のみが許されることを示せ．
  (c) $\ell = 0$ のとき，$\chi(r) \sim \text{const.}$ とすると，$\psi(\boldsymbol{x}) = \chi(r)Y_{00}/r$ はシュレーディンガー方程式

$$\left[-\frac{\hbar^2}{2m}\nabla^2 + V(r)\right]\psi(\boldsymbol{x}) = E\psi(\boldsymbol{x})$$

  の解にならないことを示せ（$\nabla^2(1/r) = -4\pi\delta^3(\boldsymbol{x})$ に注意すること）．

[2] クーロン場中の粒子の動径波動関数に対する方程式 (239) に規格化可能な解が存在する条件を導く．
  (a) $r \to \infty$ で規格化可能な解が $\chi \sim e^{-\rho/2}$ とふるまうことを確かめよ．
  (b) 解を $\chi(\rho) = f(\rho)e^{-\rho/2}$ という形に書いたとき，f に対する方程式が

$$f'' - f' + \left[\frac{\lambda}{\rho} - \frac{\ell(\ell+1)}{\rho^2}\right]f = 0$$

となることを示せ（$'$ は ρ 微分）．

(c) 関数 f を原点の周りに $f(\rho) = \rho^{\ell+1} \sum_{k=0} c_k \rho^k$ という形に展開したとき，係数 c_i に対する漸化式を導出し，この級数が無限に続いたとすると解が規格化可能でなくなることを示せ．

(d) 関数 f が ρ の $j+1$ 次の多項式になるとして，エネルギー固有値が (241) で与えられることを示せ．

5章
対称性と保存則

対称性は，物理学における重要な概念の1つである．量子力学においては，ハミルトニアンのもつ対称性が系の性質を強く規定する．とくに，連続変換で表される対称性に対しては，それに対応する保存量が存在することがいえる．

5.1 状態空間とユニタリー変換

量子力学における対称性は，ある状態と別の状態のあいだの関係に現れるが，1つの状態を別の状態に移す変換が特別な性質をもっていることとして定義できる．

任意の状態 $|\psi\rangle$ を状態 $|\psi'\rangle$ に移す変換が演算子 U で表されるとする．

$$U: \quad |\psi\rangle \to U|\psi\rangle = |\psi'\rangle \tag{260}$$

状態は規格化されているとして，変換 U は状態ベクトルの大きさを変えない変換でなければならない．このような変換をユニタリー変換とよぶ．

ユニタリー変換は，以下のような種々の定義が可能であり，お互いに同値である．

① 演算子 U とそのエルミート共役 $U^\dagger$ のあいだに関係 $U^\dagger U = U U^\dagger = 1$ が成り立つ．

② 任意の状態ベクトルの内積を不変にする．

$$(U\psi_1, U\psi_2) = (\psi_1, \psi_2)$$

③ これを弱めて，任意の基底ベクトルの内積を不変にするとしてもよい．すなわち，ユニタリー演算子による変換は，正規直交系を正規直交系に移す変換であると特徴づけることができる．

④ 任意の状態ベクトルの大きさ（ノルム）を不変にする．

$$(U\psi, U\psi) = (\psi, \psi)$$

実数ベクトル空間では，回転はベクトルの大きさを変えない変換として特徴づけられるが，ユニタリー変換はその複素空間への拡張であり，複素空間における回転ということもできる．

ユニタリー演算子の固有値は絶対値 1 の複素数である．このことはつぎのようにしてわかる．

$$U|\lambda\rangle = \lambda|\lambda\rangle \tag{261}$$

とすると，両辺のノルムが等しいことから

$$\langle\lambda|\lambda\rangle = \langle\lambda|U^\dagger U|\lambda\rangle = |\lambda|^2\langle\lambda|\lambda\rangle$$

これより $|\lambda|^2 = 1$ が得られる．

5.2 対 称 性

系がある変換に対応する対称性をもっているとは，その系を記述するハミルトニアンが対称変換と可換であると定義できる．

$$[\hat{H}, U] = 0 \tag{262}$$

これを書き直すと

$$U\hat{H}U^{-1} = \hat{H} \tag{263}$$

とも書ける．

このとき，エネルギー固有状態 $|E\rangle$

$$\hat{H}|E\rangle = E|E\rangle \tag{264}$$

を変換した状態 $U|E\rangle$ にハミルトニアンを作用させると

$$\hat{H}(U|E\rangle) = U\hat{H}|E\rangle = E(U|E\rangle) \tag{265}$$

となり，状態 $|E\rangle$ と $U|E\rangle$ は同じエネルギー固有値をもつ．これからつぎのいずれかが成り立つ．

① 状態 $|E\rangle$ は変換 U のもとで（位相を除いて）不変．
② エネルギーの縮退がある．

5.3 空間並進

位置の固有状態 $|\boldsymbol{x}\rangle$ の位置を $\boldsymbol{a}$ だけずらす操作（並進）を考える．この変換を引き起こす演算子 $U(\boldsymbol{a})$ はつぎの作用をもつ．

$$U(\boldsymbol{a})|\boldsymbol{x}\rangle = |\boldsymbol{x}+\boldsymbol{a}\rangle \tag{266}$$

すなわち，状態 $U(\boldsymbol{a})|\boldsymbol{x}\rangle$ はやはり位置の固有状態で，固有値は $\boldsymbol{x}+\boldsymbol{a}$ である．

$$\hat{\boldsymbol{x}}U(\boldsymbol{a})|\boldsymbol{x}\rangle = (\boldsymbol{x}+\boldsymbol{a})U(\boldsymbol{a})|\boldsymbol{x}\rangle$$

右辺を展開した第 1 項が $\boldsymbol{x}U(\boldsymbol{a})|\boldsymbol{x}\rangle = U(\boldsymbol{a})\hat{\boldsymbol{x}}|\boldsymbol{x}\rangle$ と書けることに注意して，上式が任意の $|\boldsymbol{x}\rangle$ に対し成立することから

$$\hat{\boldsymbol{x}}U(\boldsymbol{a}) - U(\boldsymbol{a})\hat{\boldsymbol{x}} = \boldsymbol{a}U(\boldsymbol{a}) \tag{267}$$

という関係が成り立つことがわかる．さらに，これは任意の $\boldsymbol{a}$ について成立するので，$\boldsymbol{a}=\boldsymbol{\epsilon}$ が微小として，$U(\boldsymbol{\epsilon})$ を $\boldsymbol{\epsilon}$ で展開し，$U(\boldsymbol{0})$ が恒等演算子であることに注意すると

$$U(\boldsymbol{\epsilon}) = 1 - i\boldsymbol{\epsilon}\cdot\hat{\boldsymbol{T}} + O(\epsilon^2)$$

と書ける（i は後の便宜上挿入した）．これを式 (267) に代入して ϵ の 1 次の部分を整理すると

$$[\hat{\boldsymbol{x}}, -i\epsilon \cdot \hat{\boldsymbol{T}}] = \epsilon \tag{268}$$

さらに，これは任意の ϵ について成り立つことから

$$[\hat{x}_i, \hat{T}_j] = +i\delta_{ij} \tag{269}$$

が得られる．この関係は式 (32) より

$$\hat{\boldsymbol{T}} = \hat{\boldsymbol{p}}/\hbar \tag{270}$$

と置くことによって満たすことができる．

有限の $\boldsymbol{a}$ に対しては，$\boldsymbol{a} = n\epsilon$ として $n \to \infty$ の極限をとると，

$$U(\boldsymbol{a}) = \lim_{n \to \infty} \left(1 - \frac{i}{\hbar}\boldsymbol{a} \cdot \hat{\boldsymbol{p}} \frac{1}{n}\right)^n = \exp\left(-\frac{i}{\hbar}\boldsymbol{a} \cdot \hat{\boldsymbol{p}}\right) \tag{271}$$

と書くことができる．このように，並進演算子は運動量演算子を用いて

$$U(\boldsymbol{a}) = \exp\left(-\frac{i}{\hbar}\boldsymbol{a} \cdot \hat{\boldsymbol{p}}\right) \tag{272}$$

と表すことができた．

この関係を，運動量演算子が空間並進の生成子 (generator) になっているとよぶ．

$U(\boldsymbol{a})$ の逆変換は，$\boldsymbol{x}$ にいる状態を $\boldsymbol{x} - \boldsymbol{a}$ に移す変換であり，

$$U(\boldsymbol{a})^{-1} = U(-\boldsymbol{a}) = \exp\left(+\frac{i}{\hbar}\boldsymbol{a} \cdot \hat{\boldsymbol{p}}\right) \tag{273}$$

となるが，これは $U(\boldsymbol{a})$ のエルミート共役 $U(\boldsymbol{a})^\dagger$ に等しい．すなわち，$U(\boldsymbol{a})$ はユニタリー演算子である．

さて，関係式 (267) はつぎのように書き直すことができる．

$$U(\boldsymbol{a})^{-1}\hat{\boldsymbol{x}}U(\boldsymbol{a}) = \hat{\boldsymbol{x}} + \boldsymbol{a} \tag{274}$$

これを用いると，$\hat{\boldsymbol{x}}$ の関数についても

$$U(\boldsymbol{a})^{-1}f(\hat{\boldsymbol{x}})U(\boldsymbol{a}) = f(\hat{\boldsymbol{x}} + \boldsymbol{a}) \tag{275}$$

を示すことができる．一方，運動量演算子の関数については明らかに，

5.3 空間並進

$$U(\boldsymbol{a})^{-1}g(\hat{\boldsymbol{p}})U(\boldsymbol{a}) = g(\hat{\boldsymbol{p}}) \tag{276}$$

が成立する．また，軌道角運動量 $\hat{\boldsymbol{L}} = \hat{\boldsymbol{x}} \times \hat{\boldsymbol{p}}$ に対しては，古典力学との対応から期待されるように

$$U(\boldsymbol{a})^{-1}\hat{\boldsymbol{L}}U(\boldsymbol{a}) = \hat{\boldsymbol{L}} + \boldsymbol{a} \times \hat{\boldsymbol{p}} \tag{277}$$

が成り立つ．

つぎに，波動関数の変換をみることにする．

一般の状態

$$|\alpha\rangle = \int \mathrm{d}x\,\psi_\alpha(\boldsymbol{x})|\boldsymbol{x}\rangle \tag{278}$$

に対して，$U(\boldsymbol{a})$ の作用した状態 $|\alpha'\rangle = U(\boldsymbol{a})|\alpha\rangle$ の波動関数を

$$|\alpha'\rangle = \int \mathrm{d}x\,\psi_{\alpha'}(\boldsymbol{x})|\boldsymbol{x}\rangle \tag{279}$$

と書くと，

$$\begin{aligned}
\psi_{\alpha'}(\boldsymbol{x}) &= \langle \boldsymbol{x}|\alpha'\rangle = \langle \boldsymbol{x}|U(\boldsymbol{a})|\alpha\rangle \\
&= \langle U(\boldsymbol{a})^{-1}\boldsymbol{x}|\alpha\rangle = \langle \boldsymbol{x}-\boldsymbol{a}|\alpha\rangle \\
&= \psi_\alpha(\boldsymbol{x}-\boldsymbol{a})
\end{aligned} \tag{280}$$

この 2 つの波動関数の関係は，つぎのようにも表すことができる．簡単のため 1 次元の場合を書くと

$$\begin{aligned}
\psi_{\alpha'}(x) &= \psi_\alpha(x-a) \\
&= \psi(x) - a\psi'(x) + \frac{1}{2!}a^2\psi''(x) + \cdots \\
&= \sum_{k=0}^{\infty} \frac{1}{k!}(-a)^k \frac{\mathrm{d}^k\psi}{\mathrm{d}x^k}(x) \\
&= \exp\!\left(-a\frac{\mathrm{d}}{\mathrm{d}x}\right)\psi(x) \\
&= \exp\!\left(-\frac{i}{\hbar}a\!\left[-i\hbar\frac{\mathrm{d}}{\mathrm{d}x}\right]\right)\psi(x)
\end{aligned} \tag{281}$$

これは，演算子の表現 (272) に対応していることがすぐにみてとれる．

5.4 ハミルトニアンと空間並進

状態 $|\alpha\rangle$ の時間発展はシュレーディンガー方程式

$$i\hbar\frac{\mathrm{d}}{\mathrm{d}t}|\alpha(t)\rangle = \hat{H}|\alpha(t)\rangle \tag{282}$$

で与えられる．$|\alpha\rangle$ を空間並進した状態 $U(\boldsymbol{a})|\alpha\rangle$ の時間発展をみると

$$i\hbar\frac{\mathrm{d}}{\mathrm{d}t}[U(\boldsymbol{a})|\alpha\rangle] = U(\boldsymbol{a})i\hbar\frac{\mathrm{d}}{\mathrm{d}t}|\alpha\rangle = U(\boldsymbol{a})\hat{H}|\alpha\rangle$$
$$= U(\boldsymbol{a})\hat{H}U(\boldsymbol{a})^{-1}[U(\boldsymbol{a})|\alpha\rangle] \tag{283}$$

となるので，$U(\boldsymbol{a})|\alpha\rangle$ がもとと同じシュレーディンガー方程式を満たすためには

$$U(\boldsymbol{a})\hat{H}U(\boldsymbol{a})^{-1} = \hat{H} \tag{284}$$

が必要である．これは，ハミルトニアンが空間並進のもとで不変であることを意味している．書き直すと

$$[U(\boldsymbol{a}), \hat{H}] = 0 \tag{285}$$

となる．とくに，任意の $\boldsymbol{a}$ についてこれが成立するとき，

$$[\hat{\boldsymbol{p}}, \hat{H}] = 0 \tag{286}$$

となり，運動量とエネルギーは同時固有状態をとれる．すなわち，運動量の固有状態は位相を除いて時間によらず，運動量は保存されるという結論が導かれる．ハイゼンベルク表示では，運動量演算子がハミルトニアンと可換であれば，運動量演算子の時間依存性はなくなることから同じ結論が得られる．

N 個の粒子からなる系の場合，状態 $|\boldsymbol{x}_1, \ldots, \boldsymbol{x}_N\rangle$ を空間的に $\boldsymbol{a}$ だけずらす演算子は

$$U(\boldsymbol{a})|\boldsymbol{x}_1, \ldots, \boldsymbol{x}_N\rangle = |\boldsymbol{x}_1 + \boldsymbol{a}, \ldots, \boldsymbol{x}_N + \boldsymbol{a}\rangle \tag{287}$$

を満たすべきであるから,

$$\begin{aligned}U(\boldsymbol{a}) &= \exp\left(-\frac{i}{\hbar}\boldsymbol{a}\cdot\hat{\boldsymbol{p}}_1\right)\cdots\exp\left(-\frac{i}{\hbar}\boldsymbol{a}\cdot\hat{\boldsymbol{p}}_N\right)\\ &= \exp\left(-\frac{i}{\hbar}\boldsymbol{a}\cdot\hat{\boldsymbol{P}}\right)\end{aligned} \quad (288)$$

と書ける.ここで,$\hat{\boldsymbol{P}} = \sum_{i=1}^{N}\hat{\boldsymbol{p}}_i$ は全運動量演算子である.

相互作用する N 個の粒子系のハミルトニアン

$$\hat{H} = \sum_i \frac{\hat{\boldsymbol{p}}_i^2}{2m_i} + V(\hat{\boldsymbol{x}}_1,\ldots,\hat{\boldsymbol{x}}_N) \quad (289)$$

に対し,空間並進のもとでの変換は

$$U(\boldsymbol{a})\hat{H}U(\boldsymbol{a})^{-1} = \sum_i \frac{\hat{\boldsymbol{p}}_i^2}{2m_i} + V(\hat{\boldsymbol{x}}_1-\boldsymbol{a},\ldots,\hat{\boldsymbol{x}}_N-\boldsymbol{a}) \quad (290)$$

となる.相互作用ポテンシャルが粒子の相対距離 $\boldsymbol{x}_i - \boldsymbol{x}_j$ のみによればハミルトニアンは空間並進不変で,全運動量は保存される.しかし,外力のある場合には一般に運動量保存は成り立たない.

5.5 周期ポテンシャル中の粒子

任意の空間並進のもとでハミルトニアンが不変ならば運動量保存が成り立つことをみたが,ある特定の $\boldsymbol{a}$ についてのみ不変な場合を考えてみる.簡単のため,1次元空間で

$$V(x-a) = V(x) \quad (291)$$

すなわち,ポテンシャルが周期 a の周期関数とすると,

$$[U(a),\hat{H}] = 0 \quad (292)$$

から,$U(a)$ はハミルトニアンと同時対角化可能である.$U(a)$ はユニタリー演算子なので,その固有値は絶対値 1 の複素数であり,その固有関数は

$$U(a)\psi(x) = e^{i\theta}\psi(x) \quad (\theta \text{ 実数}) \quad (293)$$

と書け,一方 $U(a)\psi(x) = \psi(x-a)$ なので,

$$\psi(x-a) = e^{i\theta}\psi(x) \tag{294}$$

すなわち，固有関数は位相因子を除いて周期関数となる．このことをブロッホの定理とよぶ．

5.6 空間並進全体の数学的構造

変位 $\boldsymbol{a}$ の空間並進を施した状態

$$U(\boldsymbol{a})|\boldsymbol{x}\rangle = |\boldsymbol{x}+\boldsymbol{a}\rangle \tag{295}$$

にさらに $\boldsymbol{b}$ だけ空間並進を行ってみる．

$$U(\boldsymbol{b})\Big[U(\boldsymbol{a})|\boldsymbol{x}\rangle\Big] = U(\boldsymbol{b})|\boldsymbol{x}+\boldsymbol{a}\rangle = |\boldsymbol{x}+\boldsymbol{a}+\boldsymbol{b}\rangle \tag{296}$$

これは，変位 $\boldsymbol{a}+\boldsymbol{b}$ の空間並進と等価である．

一般に，2つの変換 U_1, U_2 の積 $U_1 U_2$ を

$$(U_1 U_2)|\ \rangle = U_1\Big[U_2|\ \rangle\Big] \tag{297}$$

で定義すると，上の意味するところは

$$U(\boldsymbol{a})U(\boldsymbol{b}) = U(\boldsymbol{a}+\boldsymbol{b}) \tag{298}$$

これから，空間並進の積は，3次元実ベクトルの足し算と数学的に同じ構造をもっていることがわかる．いいかえると，3次元の加法群と同型である．

群とは，積の定義された集合で，積が結合法則を満たし，単位元が存在し，任意の要素に対し逆元が存在するものとして定義されるが，空間並進の場合についてみれば，結合則は積の定義から自明であり，単位元は $U(\boldsymbol{0})=1$，逆元の存在は $U(-\boldsymbol{a}) = U(\boldsymbol{a})^{-1}$ より明らかである．空間並進の群は，積が順序によらない可換群である．これは，運動量演算子の各成分が可換であること $([\hat{p}_i, \hat{p}_j]=0)$ に由来している．

5.7　空　間　回　転

z 軸まわりの角度 θ の回転を考える.

$$R_z(\theta)|x,y,z\rangle = |x\cos\theta - y\sin\theta, y\cos\theta + x\sin\theta, z\rangle \tag{299}$$

状態 $|\alpha\rangle$ がこの回転のもとで状態 $|\alpha'\rangle = R_z(\theta)|\alpha\rangle$ に移ったとすると，それぞれの波動関数のあいだの関係は

$$\psi_{\alpha'}(x,y,z) = \psi_\alpha(x\cos\theta + y\sin\theta, y\cos\theta - x\sin\theta, z) \tag{300}$$

微小回転 $\theta \ll 1$ に対しては（引数 z は省略）

$$\begin{aligned}
\psi_{\alpha'}(x,y) &\simeq \psi_\alpha(x+\theta y, y-\theta x) \\
&\simeq \psi_\alpha(x,y) + \theta y\frac{\partial}{\partial x}\psi_\alpha(x,y) - \theta x\frac{\partial}{\partial y}\psi_\alpha(x,y) \\
&= \psi_\alpha(x,y) + \theta\left(y\frac{\partial}{\partial x} - x\frac{\partial}{\partial y}\right)\psi_\alpha(x,y) \\
&= \left(1 - \frac{i}{\hbar}\theta\hat{L}_z\right)\psi_\alpha(x,y)
\end{aligned} \tag{301}$$

となり，回転の生成子が角運動量演算子であることがわかる．有限回転の演算子は，並進の場合と同様に

$$R_z(\theta) = \exp\left(-\frac{i}{\hbar}\theta\hat{L}_z\right) \tag{302}$$

となる．

演算子 $\hat{x}$ の変換は，微小変換の場合，

$$\begin{aligned}
R_z(\theta)^{-1}\hat{x}R_z(\theta) &\simeq \left(1+\frac{i\theta}{\hbar}\hat{L}_z\right)\hat{x}\left(1-\frac{i\theta}{\hbar}\hat{L}_z\right) \\
&\simeq \hat{x} + \frac{i\theta}{\hbar}[\hat{L}_z,\hat{x}] \\
&= \hat{x} - \theta\hat{y}
\end{aligned} \tag{303}$$

最後の行に移るときに交換関係式 $[\hat{L}_z,\hat{x}] = i\hbar\hat{y}$ （(123) 参照）を用いた．

有限変換では

$$R_z(\theta)^{-1}\hat{x}R_z(\theta) = \hat{x}\cos\theta - \hat{y}\sin\theta \tag{304}$$

$$R_z(\theta)^{-1}\hat{y}R_z(\theta) = \hat{x}\sin\theta + \hat{y}\cos\theta \tag{305}$$

$$R_z(\theta)^{-1}\hat{z}R_z(\theta) = \hat{z} \tag{306}$$

となる．これを導くには，たとえば式 (304) の左辺を $f(\theta)$ とおくと，$\hat{L}_z$ と $\hat{x}$ の交換関係式を用いて微分方程式 $f'' = -f$ をみたすことがいえるので，初期条件 $f(0) = \hat{x}$, $f'(0) = -\hat{y}$ を課せばよい．

これを用いると，状態 $R_z(\theta)|x,y,z\rangle$ がどのような状態であるかを直接求めることができる．たとえば，$\hat{x}$ の固有値は

$$\begin{aligned}\hat{x}R_z(\theta)|\boldsymbol{x}\rangle &= R_z(\theta)R_z(\theta)^{-1}\hat{x}R_z(\theta)|\boldsymbol{x}\rangle \\ &= R_z(\theta)\bigl(\hat{x}\cos\theta - \hat{y}\sin\theta\bigr)|\boldsymbol{x}\rangle \\ &= \bigl(x\cos\theta - y\sin\theta\bigr)R_z(\theta)|\boldsymbol{x}\rangle\end{aligned} \tag{307}$$

より $x\cos\theta - y\sin\theta$ であることが導かれる．

いままでは z 軸まわりの回転を扱ってきたが，一般の回転は

$$R(\boldsymbol{\theta}) = \exp\Bigl(-\frac{i}{\hbar}\boldsymbol{\theta}\cdot\hat{\boldsymbol{L}}\Bigr) \tag{308}$$

と書くことができる．ベクトル $\boldsymbol{\theta}$ の大きさが回転角，方向が回転軸の向きに対応する．一般の回転のもとでの位置演算子や状態の変換も同様にして導ける．とくに，微小変換 $|\boldsymbol{\theta}| \ll 1$ に対しては

$$R(\boldsymbol{\theta})^{-1}\hat{x}_i R(\boldsymbol{\theta}) \simeq \hat{x}_i + \epsilon_{ijk}\theta_j \hat{x}_k \tag{309}$$

運動量演算子に対しては，角運動量演算子との交換子 (124) が位置と角運動量の交換子 (123) と同じ形をしていることから，

$$R_z(\theta)^{-1}\hat{p}_x R_z(\theta) = \hat{p}_x\cos\theta - \hat{p}_y\sin\theta \tag{310}$$

など，位置演算子と同様の変換を受ける．このことから，運動量の固有状態も位置の固有状態と同様に「回転」することがわかる．

一般に，交換関係式

$$[\hat{L}_i, \hat{V}_j] = i\hbar\epsilon_{ijk}\hat{V}_k \tag{311}$$

を満たす演算子の組 $\hat{V}_i$ ($i = 1, 2, 3$) をベクトル（演算子）とよぶ．すなわち，ベクトルは回転のもとでの変換性によって特徴づけられるのである．位置 $\hat{\boldsymbol{x}}$, 運動量 $\hat{\boldsymbol{p}}$ のほか，角運動量 $\hat{\boldsymbol{L}}$ 自身もベクトルである．

5.8 角運動量の固有状態と回転

ハミルトニアンが空間並進のもとで不変なとき，運動量が保存量となることは前にみたが，同様に，ハミルトニアンが空間回転不変性をもつとき，角運動量が保存されることが示される．球対称ポテンシャルの中の粒子のハミルトニアン

$$\hat{H} = \frac{\hat{\boldsymbol{p}}^2}{2m} + V(r) \tag{312}$$

は角運動量演算子と可換であり，回転不変である．

$$R(\boldsymbol{\theta})^{-1}\hat{H}R(\boldsymbol{\theta}) = \hat{H} \tag{313}$$

これは $[\hat{\boldsymbol{L}}, \hat{H}] = 0$ と同値であり，ハイゼンベルク表示に移れば $d\hat{\boldsymbol{L}}_H/dt = 0$ が示される．また，角運動量はハミルトニアンと同時対角化可能で，エネルギー固有状態として $\hat{L}^2$, $\hat{L}_z$ の固有状態を選ぶことができる．

$$\hat{H}|nlm\rangle = E_n|nlm\rangle \tag{314}$$

球対称ハミルトニアンは $\hat{L}_x$, $\hat{L}_y$ とも可換なので，

$$\hat{H}\hat{L}_\pm|nlm\rangle = \hat{L}_\pm\hat{H}|nlm\rangle = E_n\hat{L}_\pm|nlm\rangle \tag{315}$$

すなわち，$|nl, m\pm 1\rangle$ は $|nlm\rangle$ は同じエネルギー固有値をもつ．この手続きを続けていくと，$m = -l$ から $m = l$ までの $2l+1$ 個の状態が縮退していることが示される．

回転のもとでこれらの角運動量固有状態がどのように変換するかをみてみる（z 軸まわりでない）．微小回転 $R(\boldsymbol{\theta}) \simeq 1 - i\hbar^{-1}\boldsymbol{\theta}\cdot\hat{\boldsymbol{L}}$ を施すと，m

の1つ異なる状態が現れ，有限回転では $2l+1$ 個のすべての状態が混じる．このように，回転によってお互いに混じり合う状態によって張られる状態空間を，数学的には回転群の既約表現空間をなしているとよぶ（この状態空間内のすべての状態がお互いに回転によって移り変わるわけではないことに注意）．一般に，ハミルトニアンが回転対称性をもつことは，エネルギー固有状態が回転群の既約表現をなしていることを意味する．

既約であるということは，他の状態とのあいだの回転演算子の行列要素が 0 であり，1 つの既約表現の中で閉じていることを意味する．各既約表現は，角運動量の大きさ l によって特徴づけられ，各既約表現に対する $\boldsymbol{L}$ の行列表示は，表現の回転のもとでの性質によって決まってしまう．具体的には，角運動量の節で求めた $\boldsymbol{L}$ の行列要素そのものである．

たとえば，$l=1$ に対して行列表示

$$\hat{L}_i \leftrightarrow \begin{pmatrix} \langle 1|\hat{L}_i|1\rangle & \langle 1|\hat{L}_i|0\rangle & \langle 1|\hat{L}_i|-1\rangle \\ \langle 0|\hat{L}_i|1\rangle & \langle 0|\hat{L}_i|0\rangle & \langle 0|\hat{L}_i|-1\rangle \\ \langle -1|\hat{L}_i|1\rangle & \langle -1|\hat{L}_i|0\rangle & \langle -1|\hat{L}_i|-1\rangle \end{pmatrix} \tag{316}$$

を求めると，基底は $\hat{L}_z$ の固有状態なので，$\hat{L}_z$ の行列表示は対角で

$$\hat{L}_z \leftrightarrow \begin{pmatrix} 1 & 0 & 0 \\ 0 & 0 & 0 \\ 0 & 0 & -1 \end{pmatrix} \tag{317}$$

$\hat{L}_+$ の行列表示は，角運動量の節の結果から

$$\hat{L}_+ \leftrightarrow \begin{pmatrix} 0 & \sqrt{2} & 0 \\ 0 & 0 & \sqrt{2} \\ 0 & 0 & 0 \end{pmatrix} \tag{318}$$

$\hat{L}_-$ は $\hat{L}_+^\dagger$ に等しいので，その行列表示は式 (318) のエルミート共役となる．これより，

5.8 角運動量の固有状態と回転

$$\hat{L}_x \leftrightarrow \frac{1}{\sqrt{2}} \begin{pmatrix} 0 & 1 & 0 \\ 1 & 0 & 1 \\ 0 & 1 & 0 \end{pmatrix} \tag{319}$$

$$\hat{L}_y \leftrightarrow \frac{1}{\sqrt{2}} \begin{pmatrix} 0 & -i & 0 \\ i & 0 & -i \\ 0 & i & 0 \end{pmatrix} \tag{320}$$

$$\hat{L}_z \leftrightarrow \begin{pmatrix} 1 & 0 & 0 \\ 0 & 0 & 0 \\ 0 & 0 & -1 \end{pmatrix} \tag{321}$$

これらは，L_z を対角化する表示で行列要素を書き下したものであるが，異なる基底のとり方として，

$$|x\rangle = \frac{1}{\sqrt{2}} \left(-|1\rangle + |-1\rangle \right) \tag{322}$$

$$|y\rangle = \frac{1}{\sqrt{2}} \left(|1\rangle + |-1\rangle \right) \tag{323}$$

$$|z\rangle = |0\rangle \tag{324}$$

を選ぶこともできる．この表示での行列要素は

$$\hat{L}_x \leftrightarrow \begin{pmatrix} 0 & 0 & 0 \\ 0 & 0 & -i \\ 0 & i & 0 \end{pmatrix} \tag{325}$$

$$\hat{L}_y \leftrightarrow \begin{pmatrix} 0 & 0 & i \\ 0 & 0 & 0 \\ -i & 0 & 0 \end{pmatrix} \tag{326}$$

$$\hat{L}_z \leftrightarrow \begin{pmatrix} 0 & -i & 0 \\ i & 0 & 0 \\ 0 & 0 & 0 \end{pmatrix} \tag{327}$$

となり，これは3次元空間のベクトルの回転に対する生成子そのものであ

る．すなわち，$l=1$ の表現はベクトルであることがわかる．

演 習 問 題

[1] 5.1 節の①から④が同値であることを示せ．

[2] 固体結晶中の電子の運動に対する近似的なモデルとして，1 次元周期ポテンシャル

$$V(x) = G\sum_n \delta(x - na) \quad (n \text{ は整数}, G > 0, a \text{ は定数})$$

中の粒子を考える．

(a) シュレーディンガー方程式を $x = na$ の近傍で積分することにより，波動関数 $\psi(x)$ に対する $x = na$ における接続条件が以下で与えられることを示せ．

$$\psi(na + 0) = \psi(na - 0)$$
$$\psi'(na + 0) = \psi'(na - 0) + \frac{2mG}{\hbar^2}\psi(na)$$

すなわち，ψ は連続であるが，ψ' は井戸型ポテンシャルなどの場合と異なり，デルタ関数の強さに比例した不連続性をもつ．

(b) 上の接続条件とブロッホの定理 (294) を用いて，$\psi(x)$ のみたすべき条件を導出し，エネルギー固有値のスペクトルに，解が存在する区間と存在しない区間が交互に現れることを示せ（これをバンド構造と呼ぶ）．

6章
摂 動 論

　量子力学では，厳密に解析的に解ける問題は数少ない．さまざまな近似法が考案されているが，そのなかでも広範に用いられているのが摂動論である．摂動とはもともと天体力学の用語である．太陽系の惑星の運動は，多体問題であり厳密には解けないが，太陽と注目している惑星の2体問題は解が求められ，よい近似になっている．他の惑星の重力の効果を，これに対する補正としてとり入れるのが摂動の方法である．量子力学の場合，系を記述する全ハミルトニアンが

$$\hat{H} = \hat{H}_0 + \hat{H}' \tag{328}$$

という形に分解でき，$\hat{H}_0$ は解けて固有関数が知られており，$\hat{H}'$ の効果は小さいとみなせるとする．このとき，$\hat{H}_0$ の固有状態を出発点として，$\hat{H}'$ の次数による展開を行うのが摂動論である．

6.1　定常状態の摂動論

　ハミルトニアン $\hat{H} = \hat{H}_0 + \hat{H}'$ は時間依存性をもたないとする．固有状態が既知のハミルトニアン $\hat{H}_0$ の完全系

$$\hat{H}_0 |i\rangle = E_i^{(0)} |i\rangle \tag{329}$$

$$\langle i|j\rangle = \delta_{ij} \tag{330}$$

を用いて，$\hat{H}$ の固有状態を展開する．解きたいシュレーディンガー方程式は

$$\hat{H}|i) = E_i|i) \tag{331}$$

ここで，$\hat{H}$ と $\hat{H}_0$ の固有状態を区別するため，前者には記号 $|\ )$ を用いることにする．展開の次数を数えやすくするため，

$$\hat{H} = \hat{H}_0 + \lambda \hat{H}' \tag{332}$$

と書くことにし，λ で級数展開する（あとで $\lambda = 1$ とする）．

$$E_i = E_i^{(0)} + \lambda E_i^{(1)} + \lambda^2 E_i^{(2)} + \cdots \tag{333}$$

$$|i) = |i\rangle + \lambda \sum_{j \neq i} c_{ij}^{(1)} |j\rangle + \lambda^2 \sum_{j \neq i} c_{ij}^{(2)} |j\rangle + \cdots \tag{334}$$

ここでは，便宜上，状態 $|i)$ の規格化は $|i\rangle$ の係数が 1 となるように決めてある．必要な場合は，展開係数を求めた後再規格化すればよい．

固有値方程式 (331) にこれらの展開式を代入し各次数の係数を比較することにより，エネルギー固有値と固有状態の展開係数を必要な次数まで求めることができる．λ の 1 次では

$$\hat{H}_0 \sum_{j \neq i} c_{ij}^{(1)} |j\rangle + \hat{H}'|i\rangle = E_i^{(0)} \sum_{j \neq i} c_{ij}^{(1)} |j\rangle + E_i^{(1)} |i\rangle \tag{335}$$

となるが，左辺の第 1 項は $\sum_{j \neq i} c_{ij}^{(1)} E_j^{(0)} |j\rangle$ と書きかえられる．この式と $|i\rangle$ との内積をとると，

$$E_i^{(1)} = \langle i | \hat{H}' | i \rangle \tag{336}$$

すなわち，状態 $|i\rangle$ の 1 次でのエネルギー固有値のずれは，$\hat{H}'$ の期待値に等しい．また，同様に $|k\rangle$ $(k \neq i)$ との内積をとると

$$c_{ik}^{(1)} \left(E_i^{(0)} - E_k^{(0)} \right) = \langle k | \hat{H}' | i \rangle \tag{337}$$

$\hat{H}_0$ の固有状態のなかに，$|i\rangle$ と縮退した状態がなければ，1 次の展開係数が

$$c_{ij}^{(1)} = \frac{\langle j | \hat{H}' | i \rangle}{E_i^{(0)} - E_j^{(0)}} \qquad (j \neq i) \tag{338}$$

と求められる．縮退のある場合は次節で議論する．

2次も同様に展開すると，$|i\rangle$ との内積よりエネルギー固有値は

$$E_i^{(2)} = \sum_{j \neq i} c_{ij}^{(1)} \langle i|\hat{H}'|j\rangle \tag{339}$$

これから

$$\begin{aligned}E_i^{(2)} &= \sum_{j \neq i} \frac{\langle i|\hat{H}'|j\rangle \langle j|\hat{H}'|i\rangle}{E_i^{(0)} - E_j^{(0)}} \\ &= \sum_{j \neq i} \frac{|\langle i|\hat{H}'|j\rangle|^2}{E_i^{(0)} - E_j^{(0)}}\end{aligned} \tag{340}$$

が得られる．1次の摂動によるエネルギー固有値の変化は，他のエネルギー固有状態と関係なく決まったが，2次の摂動ではあらゆる状態からの寄与がある．分母（エネルギー分母とよばれる）の形より，一般にはエネルギー差の小さな準位からの寄与が重要であるが，もちろん分子の行列要素の構造にも依存する．この2次摂動の効果については，つぎのような性質が注目される．

① 2次摂動の効果は，基底状態のエネルギー固有値を必ず下げる（1次摂動については，このような結論は得られないことに注意）．

② 2つのエネルギー準位のあいだに混合が起こり，それ以外の準位の効果を無視できるような場合，2つの準位間隔は必ず大きくなる．下の準位のエネルギーは下がり，上の準位は上がる．

6.2　定常状態の摂動論（縮退のある場合）

摂動を加える前のエネルギー固有状態に縮退がある場合には，前節の結果は適用できない．n 重の縮退があったとすると，そのエネルギー固有値に対応する状態空間は n 次元であり，そのなかの基底の選び方は一意的でない．この空間での $\hat{H}_0$ の行列表示は

$$\hat{H}_0 \leftrightarrow \begin{pmatrix} E^{(0)} & 0 & 0 & \cdots \\ 0 & E^{(0)} & 0 & \cdots \\ 0 & 0 & E^{(0)} & \cdots \\ \vdots & \vdots & \vdots & \ddots \end{pmatrix} \tag{341}$$

のような対角行列で与えられる．摂動の効果は，この n 次元状態空間全体に対して考える必要がある．縮退のあるとき，前節で 2 次の摂動公式に発散が現れたのは，正しい展開が行われていないことを意味する．$\hat{H}'$ の，この状態空間における行列表示は，基底ベクトルを $(|1\rangle, |2\rangle, \ldots, |n\rangle)$ と書けば

$$\hat{H}' \leftrightarrow \begin{pmatrix} \langle 1|\hat{H}'|1\rangle & \langle 1|\hat{H}'|2\rangle & \cdots \\ \langle 2|\hat{H}'|1\rangle & \langle 2|\hat{H}'|2\rangle & \cdots \\ \vdots & \vdots & \ddots \end{pmatrix} \tag{342}$$

と書ける．これを対角化することによって，摂動の効果が加わったときのエネルギー固有値と，対応する固有状態を求めることができる．固有値方程式は

$$\det(H' - x\mathbf{1}) = 0 \tag{343}$$

ここで，H' は上の $\hat{H}'$ の行列要素からなる n 次の行列，$\mathbf{1}$ は n 次の単位行列である．この n 次元の状態空間だけにかぎれば，これによって求めた固有状態は展開の全次数が含まれている．これ以外の異なるエネルギーをもつ状態からの効果は，摂動の 2 次から現れ，エネルギー分母によって抑制される．

6.3　時間依存性のある場合の摂動論

全ハミルトニアンが

$$\hat{H} = \hat{H}_0 + \hat{H}'(t) \tag{344}$$

のように，摂動項に時間依存性が含まれる場合を考える．この場合，一般にエネルギーは保存されず，定常状態は存在しないので，状態の時間発展を記述する必要がある．

前節までと同様に，状態を $\hat{H}_0$ の固有状態を用いて展開する．ただし，$\hat{H}_0$ のエネルギー固有値を $E_i^{(0)}$ ではなく E_i と書くことにする．状態の時間変化はシュレーディンガー方程式

$$i\hbar\frac{d}{dt}|\psi(t)\rangle = \hat{H}|\psi(t)\rangle \tag{345}$$

で記述される．時刻 $t=0$ で状態

$$|\psi\rangle = \sum_i c_i |i\rangle \tag{346}$$

を用意する．もし，摂動項 $\hat{H}'(t)$ がなければ，時間発展は

$$|\psi(t)\rangle = \sum_i c_i e^{-iE_i t/\hbar}|i\rangle \tag{347}$$

となる．摂動を加えたとき，状態を

$$|\psi(t)\rangle = \sum_i c_i(t) e^{-iE_i t/\hbar}|i\rangle \tag{348}$$

と展開することにする．係数 $c_i(t)$ の時間変化はシュレーディンガー方程式により決定される．$\hat{H}_0$ の固有状態 $\{|i\rangle\}$ が正規直交系をなしているとして，

$$\frac{dc_i(t)}{dt} = \frac{1}{i\hbar}\sum_j e^{i(E_i-E_j)t/\hbar}\langle i|\hat{H}'(t)|j\rangle c_j(t) \tag{349}$$

が導かれる．

この方程式を $\hat{H}'$ が十分小さいとして逐次近似法を用いて解く．時刻 $t=t_0$ での展開係数 $c_i(t_0)$ が既知とすると，$\hat{H}'=0$ なら $c_i(t)=c_i(t_0)$ である．そこで，1次の近似として，式 (349) の右辺の $c_i(t)$ を $c_i(t_0)$ で置きかえる．

$$\frac{dc_i^{(1)}(t)}{dt} = \frac{1}{i\hbar}\sum_j e^{i(E_i-E_j)t/\hbar}\langle i|\hat{H}'(t)|j\rangle c_j(t_0) \tag{350}$$

1次近似であることを表すため，$c_i^{(1)}$ と書いた．これは直ちに積分できて，

$$c_i^{(1)}(t) = \frac{1}{i\hbar}\sum_j c_j(t_0) \times \int_{t_0}^t dt'\, e^{i(E_i-E_j)t'/\hbar}\langle i|\hat{H}'(t')|j\rangle \tag{351}$$

となる．近似を上げるには，これを式 (349) の右辺に代入して，2次近似 $c_i^{(2)}$ に対する方程式

$$\frac{dc_i^{(2)}(t)}{dt} = \frac{1}{i\hbar}\sum_j e^{i(E_i-E_j)t/\hbar}\langle i|\hat{H}'(t)|j\rangle c_j^{(1)}(t) \tag{352}$$

を得，これを解いて

$$\begin{aligned}
c_i^{(2)}(t) = \frac{1}{(i\hbar)^2}&\int_{t_0}^t dt' \sum_j e^{i(E_i-E_j)t'/\hbar} \\
&\times \langle i|\hat{H}'(t')|j\rangle \int_{t_0}^{t'} dt'' \sum_k e^{i(E_j-E_k)t''/\hbar} \\
&\times \langle j|\hat{H}'(t'')|k\rangle c_k(t_0)
\end{aligned} \tag{353}$$

となる．これをくり返すことにより任意の次数まで近似を上げることができる．

6.4 断熱変化

ハミルトニアンがゆるやかな時間依存性をもって変化する場合を考える．これを断熱的変化とよぶ．最初のハミルトニアンを $\hat{H}_0$ とし，

$$\hat{H} = \hat{H}_0 + \hat{H}'(t) \tag{354}$$

と書いたとき，

$$\hat{H}'(t_0) = 0 \tag{355}$$

とする．

最初に状態が $\hat{H}_0$ の固有状態 $|i\rangle$ にいる [$c_j(t_0) = \delta_{ij}$] とし，時間発展を1次で解くと，$j \neq i$ に対し

$$c_i^{(1)}(t) = \frac{1}{i\hbar}\int_{t_0}^{t}\mathrm{d}t'\,\mathrm{e}^{i(E_j-E_i)t'/\hbar}\langle j|\hat{H}'(t')|i\rangle$$

$$= \frac{1}{E_i-E_j}\left[\mathrm{e}^{i(E_j-E_i)t/\hbar}\langle j|\hat{H}'(t)|i\rangle\right.$$

$$\left. -\int_{t_0}^{t}\mathrm{d}t'\,\mathrm{e}^{i(E_j-E_i)t'/\hbar}\langle j|\frac{\mathrm{d}}{\mathrm{d}t}\hat{H}'(t')|i\rangle\right] \quad (356)$$

が得られる（2行目に移るとき部分積分を行った）．$\hat{H}'(t)$ の時間変化がゆっくりで最後の項が無視できるとすると，時刻 t における状態は

$$|i(t)\rangle \simeq \mathrm{e}^{-iE_i t/\hbar}|i\rangle$$

$$+\frac{1}{E_i-E_j}\mathrm{e}^{i(E_j-E_i)t/\hbar}\langle j|\hat{H}'(t)|i\rangle \times \mathrm{e}^{-iE_j t/\hbar}|j\rangle$$

$$= \mathrm{e}^{-iE_i t/\hbar}\left(|i\rangle + \frac{\langle j|\hat{H}'(t)|i\rangle}{E_i-E_j}|j\rangle\right) \quad (357)$$

これは，時刻 t における摂動項 $\hat{H}'(t)$ を時間によらない摂動とみなして取り扱ったときの状態 $|i\rangle$ の変化と同じものである．すなわち，エネルギー準位が時間とともにゆっくりと変化するとき，あるエネルギー準位にいる状態は，その準位にとどまり，他の準位に遷移することはない．これが断熱的変化の特徴である．

6.5　周期的摂動

摂動項が周期的な時間依存性をもっている場合を考える．これは，系に外部から電磁波を加えたときなど，応用範囲が広い．フーリエ分解して各モードを別に扱うとわかりやすいので，摂動として

$$\hat{H}'(t) = \hat{H}_1 \mathrm{e}^{-i\omega t} + \hat{H}_1^\dagger \mathrm{e}^{i\omega t} \quad (358)$$

という形を仮定する．これを調和摂動とよぶことがある．

初期条件として，$t=t_0$ で状態が $|i\rangle$ にあるとして，1次の展開係数は，

$$c_j(t) = \frac{1}{i\hbar} \int_{t_0}^{t} dt'\, e^{i\omega_{ji}t'} \langle j|\hat{H}'(t')|i\rangle$$
$$= \frac{1}{i\hbar} \int_{t_0}^{t} dt' \left[e^{i(\omega_{ji}-\omega)t'} \langle j|\hat{H}_1|i\rangle + e^{i(\omega_{ji}+\omega)t'} \langle j|\hat{H}_1^\dagger|i\rangle \right] \tag{359}$$

ここで，$E_j - E_i = \hbar\omega_{ji}$ と置いた．すなわち，ω_{ji} は 2 つの準位 j, i のエネルギー差に対応する振動数である．

極限 $t_0 \to -\infty, t \to \infty$ をとると，

$$c_j(\infty) \to \frac{2\pi}{i\hbar} \left[\delta(\omega_{ji}-\omega)\langle j|\hat{H}_1|i\rangle + \delta(\omega_{ji}+\omega)\langle j|\hat{H}_1^\dagger|i\rangle \right] \tag{360}$$

これは，始状態 $|i\rangle$ と終状態 $|j\rangle$ のエネルギー差が摂動の振動数に対応するエネルギー $\hbar\omega$ に等しいときのみ遷移が起こることを意味している．エネルギー差の符号によって，2 項のうちいずれかが残る．

時刻 t において状態を $|j\rangle$ に見いだす確率は $|c_j(t)|^2$ で与えられる．式 (360) の第 1 項の絶対値 2 乗をとると，

$$|c_j|^2 \to \frac{1}{\hbar^2} \left[2\pi\delta(\omega_{ji}-\omega) \right]^2 |\langle j|\hat{H}_1|i\rangle|^2 \tag{361}$$

となるが，ここに現れるデルタ関数の 2 乗

$$\delta(\omega_{ji}-\omega)\delta(\omega_{ji}-\omega) = \delta(\omega_{ji}-\omega)\delta(0) \tag{362}$$

は発散している．これは，デルタ関数が現れた由来

$$2\pi\delta(\omega) = \int_{-\infty}^{\infty} dt\, e^{-i\omega t} \tag{363}$$

を想起すると

$$2\pi\delta(0) = \int_{-\infty}^{\infty} dt = \lim_{\substack{t \to \infty \\ t_0 \to -\infty}} (t - t_0) \tag{364}$$

であり，経過時間に対応していることがわかる．

したがって，単位時間あたりの，状態 $|i\rangle$ から $|j\rangle$ への遷移確率として

$$w(i \to j) = \frac{1}{2\pi\delta(0)}|c_j|^2$$
$$= \frac{2\pi}{\hbar}\Big[\delta(E_j - E_j - \hbar\omega)|\langle j|\hat{H}_1|i\rangle|^2$$
$$+ \delta(E_j - E_j + \hbar\omega)|\langle j|\hat{H}_1^\dagger|i\rangle|^2\Big] \tag{365}$$

が得られる．この式は，フェルミの黄金律とよばれる．たとえば，外から電磁波を加えた場合，$\omega > 0$ とすれば，第1項は電磁波の吸収，第2項は誘導放出の確率に対応する．

6.6 電磁波と光子

光電効果やコンプトン効果にみられるように，電磁波と物質の原子レベルでの相互作用において，電磁場は粒子（光子）として振る舞う．光子1個のエネルギーは，その振動数とアインシュタインの関係

$$E = \hbar\omega \tag{366}$$

で関係している．電磁場の吸収・放出を扱うには，厳密には電磁場を量子化しなければならないが，ここでは場の量子論を用いずに，半古典的な取扱いを行うことにする．そのために，まずアインシュタインの関係を用いて，電磁場と光子の関係を導いておく．

電荷・電流のない真空中の電磁場を考える．クーロンゲージ $\nabla \cdot \boldsymbol{A} = 0$ をとると，同時にスカラーポテンシャル $\phi = 0$ とできる．このとき，マクスウェル方程式は

$$\left(\frac{1}{c^2}\frac{\partial^2}{\partial t^2} - \nabla^2\right)\boldsymbol{A}(\boldsymbol{x}, t) = 0 \tag{367}$$

となる．

便宜上，空間を有限体積で一辺が L の立方体 $-L/2 \leq x, y, z \leq L/2$ とし，ベクトルポテンシャルに対し周期的な境界条件

$$\boldsymbol{A}\left(x + \frac{L}{2}, y, z\right) = \boldsymbol{A}\left(x - \frac{L}{2}, y, z\right), \text{ etc.} \tag{368}$$

を課す（後で体積無限大の極限をとる）．ベクトルポテンシャルをフーリエ展開すると，

$$\boldsymbol{A}(\boldsymbol{x},t) = \sum_{\boldsymbol{k}} \tilde{\boldsymbol{A}}(\boldsymbol{k},t)\mathrm{e}^{i\boldsymbol{k}\cdot\boldsymbol{x}} \tag{369}$$

ただし，$\boldsymbol{k}$ の和は $k_i = (2\pi/L)n_i$ ($n_i = 0, \pm 1, \pm 2, \ldots$) についてとられる．式 (367) から各モードに対する方程式

$$\left(\frac{1}{c^2}\frac{\partial^2}{\partial t^2} + \boldsymbol{k}^2\right)\tilde{\boldsymbol{A}} = 0 \tag{370}$$

が得られ，$\boldsymbol{A}$ が実であるという条件のもとで，解は

$$\tilde{\boldsymbol{A}}(\boldsymbol{k},t) = \boldsymbol{C}(\boldsymbol{k})\mathrm{e}^{-i\omega t} + \boldsymbol{C}^*(-\boldsymbol{k})\mathrm{e}^{i\omega t} \tag{371}$$

($\boldsymbol{C}$ は任意，$\omega = c|\boldsymbol{k}|$) となる．さらに，クーロンゲージの条件から，$\boldsymbol{C}$ は $\boldsymbol{k}$ と直交することが導かれるので（横波の条件），$\boldsymbol{k}$ と直交し，お互いに直交する 2 つの単位ベクトル $\boldsymbol{\epsilon}_\lambda(\boldsymbol{k})$ ($\lambda = 1, 2$) を用意すれば $\boldsymbol{C}(\boldsymbol{k}) = \sum_\lambda C_\lambda(\boldsymbol{k})\boldsymbol{\epsilon}_\lambda(\boldsymbol{k})$ と書ける．これより $\boldsymbol{A}$ は

$$\boldsymbol{A}(\boldsymbol{x},t) = \sum_{\boldsymbol{k},\lambda}\left[C_\lambda(\boldsymbol{k})\boldsymbol{\epsilon}_\lambda(\boldsymbol{k})\mathrm{e}^{-i\omega t+i\boldsymbol{k}\cdot\boldsymbol{x}} + C_\lambda^*(\boldsymbol{k})\boldsymbol{\epsilon}_\lambda^*(\boldsymbol{k})\mathrm{e}^{i\omega t-i\boldsymbol{k}\cdot\boldsymbol{x}}\right] \tag{372}$$

と書ける．これから電磁場は

$$\boldsymbol{E}(\boldsymbol{x},t) = -\frac{\partial \boldsymbol{A}}{\partial t}, \quad \boldsymbol{B}(\boldsymbol{x},t) = \nabla \times \boldsymbol{A} \tag{373}$$

を用いて導かれる．

電磁場と光子の関係をみるには，電磁場のエネルギー密度

$$\mathcal{E} = \frac{\epsilon_0}{2}\boldsymbol{E}^2 + \frac{1}{2\mu_0}\boldsymbol{B}^2 \tag{374}$$

を計算して，全空間で積分すると $\epsilon_0\mu_0 = 1/c^2$ を用いて

$$\int \mathrm{d}^3 x\, \mathcal{E} = 2\epsilon_0 V \sum_{\boldsymbol{k},\lambda} \omega^2 |C_\lambda(\boldsymbol{k})|^2 \tag{375}$$

となる．ここで，$V = L^3$ は全空間の体積である．電磁波の各モードのエネルギーは，光子 1 個のエネルギー $\hbar\omega$ に光子の個数 $N_\lambda(\boldsymbol{k})$ をかけたものになるべきであるから

$$2\epsilon_0 V\omega^2 |C_\lambda(\boldsymbol{k})|^2 = N_\lambda(\boldsymbol{k})\hbar\omega \tag{376}$$

の関係が得られ，$\boldsymbol{A}$ は最終的に

$$\boldsymbol{A}(\boldsymbol{x},t) = \sum_{\boldsymbol{k},\lambda} \sqrt{\frac{N_\lambda(\boldsymbol{k})\hbar}{2\epsilon_0 V\omega}} \, \boldsymbol{\epsilon}_\lambda(\boldsymbol{k}) \mathrm{e}^{-i\omega t + i\boldsymbol{k}\cdot\boldsymbol{x}} + \text{c.c.} \tag{377}$$

と書くことができる．

6.7 電磁波の吸収・放出

電子と電磁場の相互作用は，ハミルトニアンの式 (69) を用いて記述できる．光子 1 個の吸収・放出に関係する部分は，$q=-e$ として

$$\hat{H}'(t) = \frac{e}{m}\boldsymbol{A}(\hat{\boldsymbol{x}},t)\cdot\hat{\boldsymbol{p}} \tag{378}$$

これを摂動ハミルトニアンとして，たとえばポテンシャル中の電子による光子の吸収・放出確率が計算できる．このハミルトニアンのうち，時間依存性が $\exp(-i\omega t)$ の部分は光子の吸収，$\exp(i\omega t)$ の部分が放出に対応する．電子の初期状態が $|i\rangle$，終状態が $|f\rangle$ とすると，遷移の確率振幅は行列要素 $\langle f|\hat{H}'|i\rangle$ に比例するが，吸収・放出によって光子の数が 1 だけ変化するので，$\boldsymbol{A}$ の中の光子数 N が吸収・放出の前の光子数か後の光子数かは，これまでの議論からは明らかでない．電磁場を量子化すれば明確になるが，ここではその結果を援用して，N は吸収の場合は過程前の光子の数，放出の場合は過程後の数であることを認めることにする．これは，初期状態に電磁波がない場合でも，上の準位から下の準位に電子が遷移して光子を放出する過程（自発放出）が起こりうることを意味している．また，初期状態に光子が N 個存在しているとき，光子を吸収する確率は N に比例し，放出の確率は $N+1$ に比例することになる．放出は誘導放出 N に対し，自発放出 1 の確率比である（このことを用いて，黒体放射のエネルギー分布であるプランク分布を導出することができる）．

光子の自発放出の確率を計算しよう．1 つのモード $(\boldsymbol{k},\lambda)$ に注目すると，

$$\hat{H}_1 = \frac{e}{m}\sqrt{\frac{\hbar}{2\epsilon_0 V \omega}} e^{-i\boldsymbol{k}\cdot\hat{\boldsymbol{x}}} \boldsymbol{\epsilon}_\lambda^*(\boldsymbol{k}) \cdot \hat{\boldsymbol{p}} \tag{379}$$

を用いて，行列要素は

$$\langle f|\hat{H}_1|i\rangle = \frac{e}{m}\sqrt{\frac{\hbar}{2\epsilon_0 V \omega}} \epsilon_{\lambda i}^*(\boldsymbol{k}) \langle f|e^{-i\boldsymbol{k}\cdot\hat{\boldsymbol{x}}}\hat{p}_i|i\rangle \tag{380}$$

となり，単位時間あたりの光子の放出確率は

$$\Gamma(\boldsymbol{k},\lambda) = \frac{2\pi}{\hbar}|\langle f|\hat{H}_1|i\rangle|^2 \delta(E_f - E_i + \hbar\omega) \tag{381}$$

と書ける．

この確率は 1 つの状態の光子に特定したものであるが，電子の初期状態と終状態を与えたとき，放出できる光子の状態はさまざまであり，可能な光子状態に対して和をとる必要がある．光子の運動量状態の足し上げは，体積の大きな極限で

$$\sum_{\boldsymbol{k}} = \sum_{\boldsymbol{n}} \underset{V\to\infty}{\longrightarrow} \int d^3 n = \int \left(\frac{L}{2\pi}\right)^3 d^3 k = V\int \frac{d^3 k}{(2\pi)^3} \tag{382}$$

となる（この積分要素を状態密度とよぶ）．積分 $d^3 k$ は極座標で

$$d^3 k = k^2 dk\, d\Omega_k = \frac{k^2}{c} d\omega\, d\Omega_k = \frac{k^2}{c\hbar} d(\hbar\omega)\, d\Omega_k \tag{383}$$

と書き直せるので，式 (381) の光子状態に対する和をとると

$$\frac{d\Gamma}{d\Omega_k} = \sum_\lambda \frac{\alpha\omega}{2\pi m^2 c^2}|\epsilon_i^*\langle f|e^{-i\boldsymbol{k}\cdot\hat{\boldsymbol{x}}}\hat{p}_i|i\rangle|^2 \tag{384}$$

となる．ここで，α は微細構造定数

$$\alpha = \frac{e^2}{4\pi\epsilon_0 \hbar c} \tag{385}$$

である．

式 (384) の行列要素中の因子 $e^{-i\boldsymbol{k}\cdot\hat{\boldsymbol{x}}}$ を 1 で置きかえる近似を電気双極子近似とよぶ．この近似のもとでの行列要素は，非摂動ハミルトニアンが

$$\hat{H}_0 = \frac{\hat{\boldsymbol{p}}^2}{2m} + V(\hat{\boldsymbol{x}})$$

で与えられていれば，

$$[\hat{H}_0, \hat{\boldsymbol{x}}] = \frac{-i\hbar}{m}\hat{\boldsymbol{p}} \tag{386}$$

が成立することを用いると,

$$\langle f|\hat{\boldsymbol{p}}|i\rangle = \frac{im}{\hbar}\langle f|[\hat{H}_0,\hat{\boldsymbol{x}}]|i\rangle$$
$$= \frac{im(E_f-E_i)}{\hbar}\langle f|\hat{\boldsymbol{x}}|i\rangle \quad (387)$$

と簡単化される. これを式 (384) に代入して,

$$\frac{d\Gamma}{d\Omega_k} = \sum_\lambda \frac{\alpha\omega^3}{2\pi c^2}\left|\boldsymbol{\epsilon}_\lambda^*\cdot\langle f|\hat{\boldsymbol{x}}|i\rangle\right|^2 \quad (388)$$

となる. この放出確率は, 光子のエネルギーの 3 乗に比例している.

水素原子の場合, 電磁双極子近似が一般によい近似であることが, つぎのようにしてわかる. 因子 $i\boldsymbol{k}\cdot\hat{\boldsymbol{x}}$ 中の $\boldsymbol{k}$ の大きさは, エネルギー準位の差に対応する波数であるから, 典型的に

$$|\boldsymbol{k}| = \frac{\omega}{c} = \frac{E_i-E_f}{c\hbar} \sim \frac{\alpha^2}{\lambda_e} \quad (389)$$

ここで, λ_e は電子のコンプトン波長 $\lambda_e = \hbar/mc$ である. $\hat{\boldsymbol{x}}$ が作用する波動関数はボーア半径程度の広がりをもっているので, 行列要素に寄与する領域は

$$|\boldsymbol{x}| \sim a_0 = \frac{\lambda_e}{\alpha} \quad (390)$$

したがって, $\boldsymbol{k}\cdot\boldsymbol{x}\sim\alpha\approx 10^{-2}$ となり, 指数関数の展開の高次の効果は小さいことがわかる.

6.8 選 択 則

電子双極子近似では, どの 2 つのエネルギー準位のあいだでも電磁波の吸収・放出が可能なわけではなく, 2 つの状態のもつ角運動量のあいだには, 一定の関係が満たされる必要がある.

初期状態が軌道角運動量 (l_i,m_i), 終状態が (l_f,m_f) の量子数をもっているとする. 式 (387) の行列要素 $\langle f|\hat{\boldsymbol{x}}|i\rangle$ は積分

$$\int d^3x\,\psi_f^*(\boldsymbol{x})\boldsymbol{x}\psi_i(\boldsymbol{x}) \quad (391)$$

で表されるが，このなかの $\boldsymbol{x}$ は

$$\boldsymbol{x} = r\frac{\boldsymbol{x}}{r} \tag{392}$$

と分解すると，その角度部分は Y_{1m}

$$Y_{10} \propto \frac{z}{r}, \quad Y_{1,\pm 1} \propto \frac{x \pm iy}{r} \tag{393}$$

に比例していることがわかる．これより，関数 $\boldsymbol{x}\psi_i(\boldsymbol{x})$ の角度部分は $l = l_i \pm 1, m = m_i$ または $m = m_i \pm 1$ となる（$l = l_i$ はパリティの考察から寄与しない）．したがって，積分が残るためには

$$l_f = l_i \pm 1 \tag{394}$$

$$m_f = m_i, m_i \pm 1 \tag{395}$$

であることが必要である．特別な場合として，$l_i(l_f) = 0$ の場合には，$l_f(l_i) = 1$ しか許されない．

6.9　不安定状態の崩壊

不安定な状態や粒子は，特有の平均寿命をもち，指数法則に従って崩壊していくことが知られているが，以下これを量子力学からいかに理解できるかを論ずる．

系を記述するハミルトニアンを

$$H = H_0 + H' \tag{396}$$

と分離し，H' が崩壊を引き起こす相互作用の部分であるとする．H' は十分小さいとみなせると仮定し，H_0 の固有状態として親状態 $|R\rangle$, 終状態 $|i\rangle$ をとる．

$$H_0|R\rangle = E_0|R\rangle \tag{397}$$

$$H_0|i\rangle = E_i|i\rangle \tag{398}$$

終状態 $|i\rangle$ は一般に連続スペクトルをもつ状態である．

6.9 不安定状態の崩壊

崩壊の記述として，時刻 $t=0$ で親状態 $|R\rangle$ を用意したとし，この状態の時間発展をみていく．時間による摂動論を論ずる際に行ったように，時刻 t でのこの状態を

$$|t\rangle = a(t)\mathrm{e}^{-iE_0 t/\hbar}|R\rangle + \sum_i c_i(t)\mathrm{e}^{-iE_i t/\hbar}|i\rangle \tag{399}$$

と書く．初期条件は $a(0)=1$, $c_i(0)=0$ である（i の和は正確には積分であるが，表式の簡単化のためしばらく和として表す）．シュレーディンガー方程式より，係数 a, c_i は

$$i\hbar\frac{\mathrm{d}}{\mathrm{d}t}a(t) = H'_R a(t) + \sum_i H'^{*}_{iR}\mathrm{e}^{-i\omega_{i0}t}c_i(t) \tag{400}$$

$$i\hbar\frac{\mathrm{d}}{\mathrm{d}t}c_i(t) = H'_{iR}\mathrm{e}^{i\omega_{i0}t}a(t) + \sum_j H'_{ij}\mathrm{e}^{i\omega_{ij}t}c_j(t) \tag{401}$$

を満たす．ここで，

$$\omega_{i0} = (E_i - E_0)/\hbar \tag{402}$$

$$\omega_{ij} = (E_i - E_j)/\hbar \tag{403}$$

$$H'_R = \langle R|H'|R\rangle \tag{404}$$

$$H'_{iR} = \langle i|H'|R\rangle \tag{405}$$

$$H'_{ij} = \langle i|H'|j\rangle \tag{406}$$

と定義した．

まず，最初の近似として，式 (401) の第 2 項を落とす．これは，終状態同士の摂動相互作用を無視したことに対応している．このとき，式 (401) は積分でき，それを用いて式 (400) から c_i を消去し，a のみに対する方程式が得られる．

$$i\hbar\frac{\mathrm{d}}{\mathrm{d}t}a(t) = H'_R a(t) + \frac{1}{i\hbar}\sum_i |H'_{iR}|^2 \mathrm{e}^{-i\omega_{i0}t}\int_0^t \mathrm{d}t'\,\mathrm{e}^{i\omega_{i0}t'}a(t') \tag{407}$$

これを解くため $a(t)$ のラプラス変換

$$\tilde{a}(s) = \int_0^\infty \mathrm{d}t\,\mathrm{e}^{-st}a(t) \tag{408}$$

を用いると，

$$\tilde{a}(s) = \frac{1}{s + \dfrac{i}{\hbar}\Pi(s)} \tag{409}$$

$$\Pi(s) = H'_R - \sum_i \frac{|H'_{iR}|^2}{\hbar(\omega_{i0} - is)} \tag{410}$$

が得られる．これからラプラス逆変換

$$\begin{aligned}
a(t) &= \int_{-i\infty+0}^{i\infty+0} \frac{\mathrm{d}s}{2\pi i}\, \mathrm{e}^{st} \tilde{a}(s) \\
&= \int_{-\infty}^{\infty} \frac{\mathrm{d}\omega}{2\pi i}\, \frac{\mathrm{e}^{i\omega t}}{\omega + \dfrac{1}{\hbar}\Pi(i\omega+0)}
\end{aligned} \tag{411}$$

によって $a(t)$ を求める．関数 $\Pi(i\omega+0)$ のうち i の和の部分は実際には連続スペクトルの積分であり，

$$\sum_i \frac{|H'_{iR}|^2}{\hbar(\omega_{i0} + \omega - i0)} = \int \frac{\mathrm{d}E}{2\pi}\, \rho(E)\, \frac{|H'_{fR}(E)|^2}{E - E_0 + \hbar\omega - i0} \tag{412}$$

という形をとる（$\rho(E)$ は状態密度）．ここで，関係

$$\frac{1}{E - E_0 + \hbar\omega - i0} = P\frac{1}{E - E_0 + \hbar\omega} + i\pi\delta(E - E_0 + \hbar\omega) \tag{413}$$

（P は積分下で主値をとることを表す）を用いて，$\Pi(i\omega+0)$ を実部と虚部に分ける．

$$\Pi(i\omega+0) = \Delta(\omega) - \frac{i}{2}\Gamma(\omega) \tag{414}$$

$$\Delta(\omega) = H'_R - P\int \frac{\mathrm{d}E}{2\pi}\, \rho(E)\frac{|H'_{fR}(E)|^2}{E - E_0 + \hbar\omega} \tag{415}$$

$$\Gamma(\omega) = \rho(E_0 - \hbar\omega)\,|H'_{fR}(E_0 - \hbar\omega)|^2 \tag{416}$$

第2の近似として，式 (411) の積分に寄与する領域で Π の ω 依存性は小さいと仮定し，$\omega = 0$ における値 $\Delta - \frac{i}{2}\Gamma$ で近似する．一般にこれは，H_0 に比べて H' の効果が十分小さいときに成立する．このとき積分は実行でき

$$a(t) = \mathrm{e}^{(-i\Delta - \frac{1}{2}\Gamma)t/\hbar} \tag{417}$$

が得られ，状態 $|t\rangle$ は

$$|t\rangle = \mathrm{e}^{(-iE_0'-\frac{1}{2}\Gamma)t/\hbar}|R\rangle + \sum_i \frac{H'_{iR}[\mathrm{e}^{-iE_i t/\hbar} - \mathrm{e}^{(-iE_0'-\frac{1}{2}\Gamma)t/\hbar}]}{E_i - E_0' + \frac{i}{2}\Gamma}|i\rangle \quad (418)$$

とかける．ただしここで

$$E_0' = E_0 + \Delta \quad (419)$$

と定義した．式 (418) より Δ は H' による状態 $|R\rangle$ のエネルギーの変化分であることがわかる．

時刻 t で状態が親状態 $|R\rangle$ に残っている確率は

$$|\langle R|t\rangle|^2 = \mathrm{e}^{-\Gamma t/\hbar} \quad (420)$$

となり，平均寿命が $\tau = \hbar/\Gamma$ で与えられる指数崩壊則が得られる．

$t \to \infty$ では連続状態のみが残り，そのエネルギースペクトルは

$$\frac{\mathrm{d}P}{\mathrm{d}E} \simeq \frac{1}{2\pi} \frac{\Gamma}{(E-E_0')^2 + \frac{1}{4}\Gamma^2} \quad (421)$$

となり，確定値をもたない（この形をブライト–ウィグナー形とよぶ）．その分布の幅（半値全幅）は Γ に等しく，状態の寿命が長いほど，エネルギー分布の幅が狭いことがわかる．寿命とエネルギー幅の積は $\hbar$ であり，これは時間とエネルギーの不確定性関係の1つである．

演 習 問 題

[**1**] 6.1 節の方法を用いて，n 次の摂動に対する公式を導け．
[**2**] 電磁場のエネルギー密度 (374) が式 (375) で表されることを示せ．

7章
トンネル効果

古典力学においては，粒子の全エネルギーにより，一般に可能な運動領域には制限があり，ポテンシャルエネルギーの値が粒子の全エネルギーより大きい領域には粒子は存在できない．これと対照的に，量子力学ではこのような禁止領域においても波動関数は有限の値をもつことができる．

古典力学で，粒子の可能な運動領域が，ポテンシャル障壁によって2つに分けられているような場合，粒子は障壁の片側から他方に移動することはありえないが，量子力学ではこれが可能となる．これをトンネル効果とよぶ．

7.1 1次元散乱状態：矩形ポテンシャル

トンネル効果を議論する前に，矩形ポテンシャル (図3)
$$V(x) = \begin{cases} 0 & x < 0, x > a \\ V_0 & 0 < x < a \end{cases} \tag{422}$$
($V_0 > 0$) のもとでの粒子の波動関数を考える．これは，具体的に解を書き下すことのできる問題の1つである．

まず，エネルギー固有値 E が $E > V_0$ を満たす場合を調べる．このとき，古典的には粒子は全領域を運動しうる．

各領域における波数を
$$k = \frac{\sqrt{2mE}}{\hbar}, \quad k' = \frac{\sqrt{2m(E-V_0)}}{\hbar} \tag{423}$$

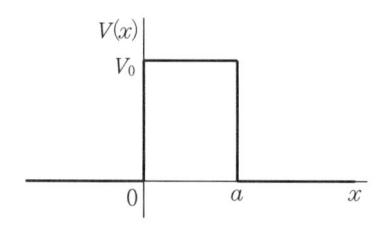

図 3 矩形ポテンシャル

と定義すると，各領域での波動関数は
$$\psi(x) = \begin{cases} A_+ e^{ikx} + A_- e^{-ikx} & x < 0 \\ B_+ e^{ik'x} + B_- e^{-ik'x} & 0 < x < a \\ C_+ e^{ikx} + C_- e^{-ikx} & x > a \end{cases} \quad (424)$$
という一般形をもつ（$A_\pm$ などは定数）．

領域の境界点 $x = 0, a$ では，波動関数およびその微分が連続であるという境界条件を満たす必要がある．これから，各区間における係数のあいだの関係が導かれる．例えば $x = 0$ では
$$\begin{pmatrix} A_+ \\ A_- \end{pmatrix} = \frac{1}{2} \begin{pmatrix} 1 + \dfrac{k'}{k} & 1 - \dfrac{k'}{k} \\ 1 - \dfrac{k'}{k} & 1 + \dfrac{k'}{k} \end{pmatrix} \begin{pmatrix} B_+ \\ B_- \end{pmatrix} \quad (425)$$
となる．

自由粒子の場合には 1 つのエネルギー固有値に対し，運動量の方向が正負の 2 つの独立な解があるが，いまの場合にも独立な解が 2 つ存在する．ただし，ポテンシャルが空間の一様性を破っているので，運動量は保存せず，これらの解は運動量の固有状態には選べない．1 つの解として，領域 $x > a$ において，解が右向きの運動量成分しかない場合 ($C_- = 0$) を考える．このとき，領域 $x < 0$ では一般に右向き，左向きの両方の成分が存在する．この解の表す物理的状況は，つぎのように解釈することができる．x の負の側より，エネルギー E の粒子が入射する（振幅は A_+）．この入射波はポテンシャルによって攪乱され，一部は反射し（振幅 A_-），一部は透

過する(振幅 C_+).古典力学では,左側から入射した粒子はポテンシャル障壁を通過中に運動量は変化しても,最終的にはそのままの方向に出ていくが,量子力学では,ポテンシャルによって反射される確率があることがわかる.

接続条件を用いて,この場合の係数の関係を具体的に求めると,

$$\frac{A_+}{C_+} = e^{ika}\left[\cos k'a - \frac{i}{2}\left(\frac{k'}{k} + \frac{k}{k'}\right)\sin k'a\right] \tag{426}$$

$$\frac{A_-}{C_+} = \frac{i}{2}e^{ika}\left(\frac{k'}{k} - \frac{k}{k'}\right)\sin k'a \tag{427}$$

この波動関数の確率流密度は

$$J(x) = \begin{cases} \dfrac{\hbar k}{m}(|A_+|^2 - |A_-|^2) & x < 0 \\ \dfrac{\hbar k}{m}|C_+|^2 & x > a \end{cases} \tag{428}$$

と求められ,右向きのフラックスと左向きのフラックスの差の形になっている.これから透過確率は

$$T = \frac{|C_+|^2}{|A_+|^2} = \frac{1}{1 + \dfrac{1}{4}\left(\dfrac{k'}{k} - \dfrac{k}{k'}\right)^2 \sin^2 k'a} \tag{429}$$

反射確率は

$$R = \frac{|A_-|^2}{|A_+|^2} = \frac{\dfrac{1}{4}\left(\dfrac{k'}{k} - \dfrac{k}{k'}\right)^2 \sin^2 k'a}{1 + \dfrac{1}{4}\left(\dfrac{k'}{k} - \dfrac{k}{k'}\right)^2 \sin^2 k'a} \tag{430}$$

これらは関係 $R + T = 1$ をみたしている(確率の保存).このことは,定常状態で確率流が x によらないことの帰結である.

7.2 ポテンシャル障壁の通過

エネルギー固有値 E が $0 < E < V_0$ を満たす場合,古典的には,粒子が存在できるのは $x < 0$ または $x > a$ の領域である.この場合の波動関数は,領域 $0 < x < a$ の外では $E > V_0$ の場合と同じ形であるが,古典的禁

止領域 $0 < x < a$ では周期振動解にならない．虚の波数

$$\kappa = \frac{\sqrt{2m(V_0 - E)}}{\hbar} \tag{431}$$

を用いると，シュレーディンガー方程式は

$$\psi'' = \kappa^2 \psi \tag{432}$$

と書け，一般解は

$$\psi(x) = B_+ e^{\kappa x} + B_- e^{-\kappa x} \tag{433}$$

という形になる．

まず，$a \to \infty$ の極限を考える（ポテンシャル段差）．この場合，$x > 0$ で $\psi(x)$ が指数関数的にかぎりなく増加することは許されないので，$B_+ = 0$ であり，A_+ と A_- のあいだには

$$A_- = -\frac{\kappa + ik}{\kappa - ik} A_+ \tag{434}$$

という関係がつく．反射確率は 1 であり，古典的な場合と一致するが，禁止領域 $x > 0$ における波動関数は

$$\psi(x) = B_- e^{-\kappa x} \tag{435}$$

と有限の値をもっており存在確率は 0 でない．ただし，$x > 0$ における波動関数は指数関数的に減少し，x が増加するにつれて急激に 0 に近づく．

a が有限の場合，接続条件は前節と同じであり，係数のあいだの関係も同様にして導くことができる．こうして得られる波動関数は，必ず障壁の両側で 0 でない値をもつ．実際，片側で $\psi = 0$ とすると，接続条件より全区間で 0 になってしまう．図 4 に解の 1 つの例を示す．

この結果，トンネル効果による透過確率は

$$T = \left[1 + \frac{1}{4}\left(\frac{\kappa}{k} + \frac{k}{\kappa}\right)^2 \sinh^2 \kappa a\right]^{-1} \tag{436}$$

と計算できる．障壁の幅や高さが大きくなると，透過確率は指数関数的に減少する．

7.3 WKB近似

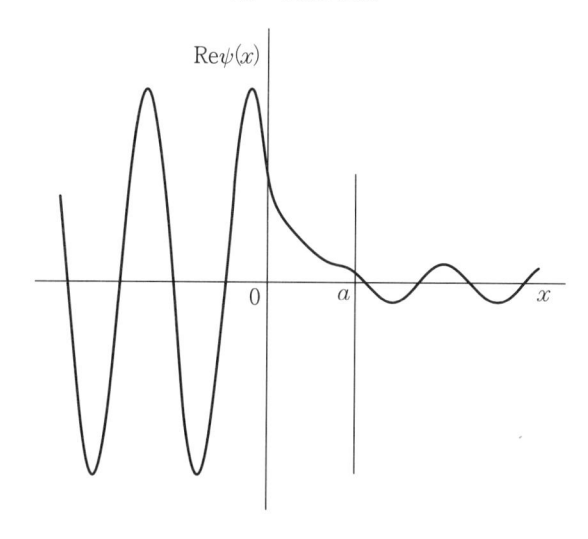

[グラフ: Re$\psi(x)$ の図]

図 4 $E < V_0$ の場合の波動関数の実数部．トンネル効果による粒子の透過が起こり，障壁の右側にも有限の確率で粒子が存在する（$0 < x < a$ の部分は横に拡大してある）．

$$T \simeq 16\left(\frac{\kappa}{k} + \frac{k}{\kappa}\right)^{-2} e^{-2\kappa a} \quad (\kappa a \gg 1) \tag{437}$$

7.3 WKB近似

一般のポテンシャルに対しては，解の具体的な形は数値的にしか求めることができないが，以下で述べるような $\hbar$ のべきによる展開が有効な場合がある．

定常状態に対する1次元のシュレーディンガー方程式は

$$\frac{d^2\psi}{dx^2} + \frac{\bigl(p(x)\bigr)^2}{\hbar^2}\psi = 0 \tag{438}$$

$$\bigl(p(x)\bigr)^2 = 2m\bigl(E - V(x)\bigr) \tag{439}$$

と書き直すことができる．ポテンシャルが定数ならば，解は

7章 トンネル効果

$$\psi(x) = e^{ipx/\hbar} \tag{440}$$

である．一般の場合，波動関数を

$$\psi(x) = e^{iS(x)/\hbar} \tag{441}$$

と書き，関数 $S(x)$ を $\hbar$ のべきで展開してみる．

$$S(x) = S_0(x) + \hbar S_1(x) + \cdots \tag{442}$$

$p(x)$ を古典的な大きさ ($O(\hbar^0)$) とみなせるとすると，シュレーディンガー方程式 (438) は $\hbar$ の各次数で

$$O(\hbar^0): \quad \left(S_0'\right)^2 = p^2 \tag{443}$$

$$O(\hbar^1): \quad 2S_0'S_1' - iS_0'' = 0 \tag{444}$$

などとなる（$'$ は x 微分）．

$p^2 > 0$ の領域では，$p(x)$ の原始関数

$$P(x) = \int^x dx\, p(x) \tag{445}$$

を用いて，解は

$$S_0(x) = \pm P(x) + \text{const.} \tag{446}$$

$$S_1(x) = \frac{i}{2} \log p(x) + \text{const.} \tag{447}$$

と求められ，この次数までの波動関数は

$$\psi(x) \propto \frac{1}{\sqrt{p(x)}} e^{\pm iP(x)/\hbar} \tag{448}$$

と書ける．このような形の $\hbar$ による展開を WKB (Wentzel–Kramers–Brillouin) 近似とよぶ．

禁止領域 $E - V < 0$ では $p^2 < 0$ となるので，

$$\bar{p}(x) = \sqrt{2m(V(x) - E)} \tag{449}$$

$$\bar{P}(x) = \int^x dx\, \bar{p}(x) \tag{450}$$

を用いて，波動関数は

$$\psi(x) \propto \frac{1}{\sqrt{\bar{p}(x)}} e^{\pm \bar{P}(x)/\hbar} \tag{451}$$

となる．

WKB 近似がよい近似である条件は，高次 ($O(\hbar^2)$) の寄与が十分小さいことから評価すると，

$$\left| \frac{\hbar}{p^2} \frac{dp}{dx} \right| \ll 1 \tag{452}$$

となる．この式の意味は，波動関数の位相の変化（波長 $\sim \hbar/p$）に比べて，ポテンシャル ($p(x)$) の変化が十分ゆるやかであることである．一般に，ポテンシャルの転回点（古典的許容領域と禁止領域の境界，$p=0$）ではこの条件が満たされなくなる．

7.4　WKB 近似に対する接続公式

転回点の両側において求められた WKB 近似の波動関数を接続するには，転回点付近においてシュレーディンガー方程式を近似によらずに解かなければならない．この領域でポテンシャルが 1 次関数で十分近似できるとして，シュレーディンガー方程式を解くことにより得られる結果のみをここでは述べることにする．

転回点が $x=a$ にあり，ポテンシャルが転回点付近で増加関数であるとする．禁止領域 $x \gg a$ において，指数関数的に減少する波動関数（規格化可能）

$$\psi(x) \sim \frac{1}{2\sqrt{\bar{p}}} \exp\left(-\frac{1}{\hbar} \int_a^x \bar{p}(x)\,dx \right) \tag{453}$$

に接続する許容領域 $x \ll a$ での波動関数は，

$$\psi(x) \sim \frac{1}{\sqrt{p}} \cos\left(\frac{1}{\hbar} \int_x^a \bar{p}(x)\,dx - \frac{\pi}{4} \right) \tag{454}$$

となる．この位相は，無限に高い壁がある場合と比較して，禁止領域に 1/8 波長分 ($\pi/4$) だけ波動関数がしみ出している勘定になる．

7.5 準古典的量子化条件

ポテンシャル中の束縛状態に対し WKB 近似が適用できるとき，前節の結果を用いて，エネルギー固有値に対する条件を求める．エネルギーを E と置き，ポテンシャル $V(x)$ 中の古典的転回点を x_1, x_2 とする．

$$V(x_1) = V(x_2) = E \tag{455}$$

領域 $x_1 < x < x_2$ では $E - V > 0$ となり，古典的に運動が可能である．

E がハミルトニアンの固有値であるためには，規格化可能な解が存在することが条件であり，そのためには禁止領域の波動関数が両側とも遠方で減少すればよい．許容領域における波動関数がうまくこのように禁止領域に接続できるには，許容領域全体における全波数と両禁止領域の各 1/8 波長分を加えたものがちょうど（半）整数波長分になればよいので，

$$\int_{x_1}^{x_2} dx\, p(x) = \left(n + \frac{1}{2}\right)\pi\hbar \tag{456}$$

($n = 0, 1, \cdots$) という条件が導かれる．書き直すと

$$\int_{x_1}^{x_2} dx\, \sqrt{2m(E - V(x))} = \left(n + \frac{1}{2}\right)\pi\hbar \tag{457}$$

これは，前期量子論におけるボーア–ゾンマーフェルトの量子化条件にほかならない．

7.6 WKB 近似とトンネル効果

矩形のポテンシャル障壁によるトンネル効果の確率は，7.2 節で求めたように厳密に計算できるが，1 次元の一般のポテンシャルに対して，禁止領域の大部分において WKB 近似が使える場合には，トンネル効果の確率を近似的に簡単な表式で表すことができる．ここでは，原子核の α 崩壊を例にとって考えることにする．

原子核の α 崩壊は，重い原子核から α 粒子（ヘリウム 4 の原子核）が放出される過程である．初期状態は，親核 (A, Z) の 1 体状態 (A は質量数で，原子核を構成する陽子と中性子の数の和，Z は原子番号で，陽子の数），終状態は娘核 $(A-4, Z-2)$ と α 粒子の 2 体状態である．

近似的な取扱いとして，この過程を原子核中の α 粒子がトンネル効果によって外部に出てくる過程とみなすことにする．α 粒子の感じるポテンシャルは，核外ではクーロン斥力による $1/r$ ポテンシャルであるが，核内では核力による引力が勝っている．この引力による（近似的）束縛状態が親の原子核である．この描像では，α 粒子が，核の近傍のクーロン力によるポテンシャル障壁をトンネル効果によって透過する過程が α 崩壊ということになる．α 粒子の軌道角運動量が l であれば，遠心力を含めた有効ポテンシャル (217) を用いて，動径波動関数に対する 1 次元シュレーディンガー方程式を考えればよい．

禁止領域を $R_1 < r < R_2$ とし，この領域の大部分で WKB 近似が適用できるとすれば，この領域の外側と内側の転回点における波動関数の比はおよそ

$$\exp\left(-\frac{1}{\hbar}\int_{R_1}^{R_2} \bar{p}(x)\,\mathrm{d}x\right) \tag{458}$$

で与えられ，その絶対値自乗が障壁透過確率に相当する量である．

α 崩壊の寿命は，この確率に α 粒子の核内での「運動の 1 周期にかかる時間」をかけたものとみなせる．この時間の典型的な値は，原子核の大きさから 10^{-21} 秒程度と推定される．このようにして計算された α 崩壊の寿命は，実測値をかなりよく再現することが知られている．

演 習 問 題

[1] 7.1 節の矩形ポテンシャル中の粒子の波動関数の接続条件が $x=0$ において式 (425) で表されることを示せ．また $x=a$ における接続条件も求めて，係

数の関係 (426) (427) が成立することを導け.

[2] 7.2 節の場合の接続条件を解いて，トンネル効果による透過確率 (436) を導出せよ.

8章
散　　乱

　物理学の手法として，調べたい対象に光や電子などを入射して，散乱を起こさせることは非常に広範に行われる．入射粒子を A, 標的粒子を B と書くと，散乱過程には弾性散乱

$$A + B \to A + B \tag{459}$$

のほか，粒子の種類の変化や生成消滅を伴う非弾性散乱

$$A + B \to C + D \tag{460}$$

$$A + B \to A + B + C \tag{461}$$

がある．本書では弾性散乱に話を限る．弾性散乱の観測量は反応の起こる頻度や反応の散乱角分布である．これらを表す量として散乱断面積が用いられる．

8.1　散 乱 断 面 積

　粒子 A と B の散乱過程を考える．実際の実験では，数多くの粒子 A のビームをつくり，粒子 B を含む標的に入射して，散乱された粒子を観測する（あるいはビーム同士を衝突させることもある）．以後，粒子 A と B 1 個ずつの起こす反応を考えていく（散乱が複数回起こったりするような，多数個の粒子が関与する場合には，それによる補正を考える必要がある）．

実験室の環境では，ビームは古典力学的に制御することができ，粒子の位置と運動量はどちらもマクロな範囲では決まっているが，ミクロなレベルではもちろん両方が確定することはない．実際には，粒子の運動量はある誤差の範囲内で知られていることが多いが，位置の精度は，標的粒子の大きさのスケール（原子，原子核の大きさなど）と比較すると制御することは実際上不可能である．散乱粒子の位置・運動量の測定においても同様であり，散乱過程の初期状態，終状態は運動量の決まった状態（平面波）とするのが実際的である．もちろん必要な場合は，平面波に対する振幅が知られていれば，その重ね合わせで適当な波束に対する振幅も求めることができる．

標的粒子 B 1 個に対し，平面波で記述できる A のビームを入射したとする．反応の起こりやすさは，ビーム中の A の「つまり方」の度合に比例するであろう．後者を単位面積あたりのビーム中の A の数 n_A で表すことにすると，B 1 個あたりの反応数 N は

$$N = n_A \sigma \tag{462}$$

と書けるであろう．この式に現れる比例係数 σ は反応に固有の量であり，反応の起こりやすさを示す量である．σ は面積の次元をもっており，反応の断面積とよばれる．

両辺を時間で割ると，単位時間あたりの反応数 w が

$$w = f_A \sigma \tag{463}$$

と書ける．f_A は A のフラックス，つまり単位時間単位面積あたりの A の数であり，A の数密度×速度とも表せる．この表現が断面積の定義によく使われる．

この断面積は，散乱された終状態の1つ1つに対し定義することができる．弾性散乱で，粒子が方向 (θ, φ) の立体角 $d\Omega$ 内に散乱される反応率は

$$dw = f_A \frac{d\sigma}{d\Omega}(\theta, \varphi) \, d\Omega \tag{464}$$

と書くことができる．量 $d\sigma/d\Omega$ は微分断面積とよばれ，これを全立体角で積分すると，散乱粒子の方向にかかわらず反応が起こる確率を表す全断面積

$$\sigma_{\text{tot}} = \int \frac{d\sigma}{d\Omega} d\Omega \tag{465}$$

が得られる．

8.2 散乱振幅と断面積

弾性散乱 A + B → A + B を考える場合，2 体系のシュレーディンガー方程式を，1 章で述べたように，相対座標を用いて，相互作用ポテンシャルをもつ 1 体系の方程式に帰着させることができる．

以後，相互作用は短距離力で，原点付近を除いては波動関数が自由粒子の波動関数とみなせる場合を考える（クーロン力による散乱はこれにあてはまらず，特別に扱う必要がある）．また，スピンの自由度は考えない．

散乱の初期状態として，入射粒子の運動量の決まった状態を考えるので，エネルギー固有状態に対するシュレーディンガー方程式

$$\left(-\frac{\hbar^2 \nabla^2}{2m} + V(\boldsymbol{x})\right)\psi(\boldsymbol{x}) = E\psi(\boldsymbol{x}) \tag{466}$$

を取り扱えばよい．

エネルギー固有値を指定しても，固有状態は縮退が存在する．ここでは考えている散乱過程に対応する境界条件を指定する必要がある．原点から十分離れた地点では，波動関数は自由粒子と同じとみなせるので，入射平面波と散乱波との重ね合わせとして書けるはずである．入射粒子の運動量の方向を $+z$ 軸にとれば，$k = \sqrt{2mE}/\hbar$ として

$$\psi(\boldsymbol{x}) \simeq e^{ikz} + f(\theta, \varphi) \frac{e^{ikr}}{r} \quad (r \to \infty) \tag{467}$$

第 1 項が入射波，第 2 項が散乱波を示す．ここに現れる関数 $f(\theta, \varphi)$ は散乱振幅とよばれる．入射波，散乱波それぞれのフラックスを求めると入射

フラックスは $+z$ 向きで $\hbar k/m$, (θ,φ) 方向の散乱フラックスは

$$|f(\theta,\varphi)|^2 \frac{\hbar k}{mr^2} \tag{468}$$

となっている．散乱微分断面積 $d\sigma/d\Omega$ は，単位入射フラックスあたりの，立体角要素 $d\Omega$ 中の散乱フラックスの大きさで与えられるので，

$$\frac{d\sigma}{d\Omega} = \frac{|f(\theta,\varphi)|^2 \dfrac{\hbar k}{mr^2} r^2 d\Omega}{\dfrac{\hbar k}{m} d\Omega} = |f(\theta,\varphi)|^2 \tag{469}$$

となり，散乱振幅の絶対値自乗に等しい．

8.3 部 分 波

中心力ポテンシャルによる散乱では，球対称性より状態の角運動量は保存される．散乱状態の波動関数の十分遠方における形は式 (467) によって与えられるが，対称性から φ 依存性はなく，

$$\psi(\boldsymbol{x}) \simeq e^{ikz} + f(\theta) \frac{e^{ikr}}{r} \tag{470}$$

という形をとる．これを各角運動量状態（部分波）に分解するには球関数によって展開すればよい．いま φ 依存性がないので，Y_{l0} すなわちルジャンドルの多項式 $P_l(\cos\theta)$ によって展開することができる．

散乱波の角度依存性は一般に

$$f(\theta) = \sum_{l=0}^{\infty} f_l P_l(\cos\theta) \tag{471}$$

の形に展開できる．入射波は式 (234) のように展開でき，$j_l(\rho)$ の $\rho \to \infty$ での漸近形を用いると，

$$e^{ikz} \simeq \sum_{l=0}^{\infty} \frac{2l+1}{2ikr} \left[e^{ikr} - (-1)^l e^{-ikr} \right] P_l(\cos\theta) \tag{472}$$

したがって，波動関数の漸近形は

$$\psi(\boldsymbol{x}) \simeq \sum_l \left\{ (-1)^{l+1} \frac{2l+1}{2ik} \frac{e^{-ikr}}{r} + \left(\frac{2l+1}{2ik} + f_l \right) \frac{e^{ikr}}{r} \right\} P_l(\cos\theta) \tag{473}$$

8.3 部 分 波

角運動量保存から,各 l に対して入射フラックスと出ていくフラックスは等しくなければならないので

$$\left|\frac{2l+1}{2ik} + f_l\right| = \frac{2l+1}{2ik} \tag{474}$$

が成立する必要がある.これより

$$\frac{2l+1}{2ik} + f_l = \frac{2l+1}{2ik}e^{2i\delta_l} \tag{475}$$

すなわち

$$f_l = \frac{2l+1}{k}e^{i\delta_l}\sin\delta_l \tag{476}$$

と表せる.δ_l を「位相のずれ」とよぶ.この名の由来は式 (475) を式 (473) に代入し式 (472) と比較すれば明らかであろう.

この表式を用いて微分断面積を書き下し,全立体角で積分すると

$$\sigma = \int d\Omega \frac{d\sigma}{d\Omega} = \frac{4\pi}{k^2}\sum_l(2l+1)\sin^2\delta_l \tag{477}$$

となり,全断面積はそれぞれの角運動量状態の断面積の和となる.

各角運動量状態の断面積

$$\sigma_l = \frac{4\pi}{k^2}(2l+1)\sin^2\delta_l \tag{478}$$

は最大値

$$\sigma_l(\text{max}) = \frac{4\pi(2l+1)}{k^2} \tag{479}$$

より大きくなれない.これをユニタリー性限界とよぶ.

ところで,入射方向の散乱振幅(前方散乱振幅)$f(\theta=0)$ の虚数部を求めてみると,$P_l(0)=1$ より

$$\text{Im}\,f(\theta=0) = \sum_{l=0}^{\infty}\frac{2l+1}{k}\sin^2\delta_l \tag{480}$$

となり,これは比例定数を除いて全断面積に等しい.

$$\text{Im}\,f(\theta=0) = \frac{k}{4\pi}\sigma \tag{481}$$

この事実を光学定理とよぶ.

8.4 散乱解に対する積分方程式とグリーン関数

散乱振幅に対する一般的な形式解を求めるため，散乱解に対するシュレーディンガー方程式に境界条件の情報を付加した積分方程式を導く．エネルギー固有値を

$$E = \frac{\hbar^2 k^2}{2m} \tag{482}$$

と書いて，シュレーディンガー方程式 (466) を書き直すと

$$(\nabla^2 + k^2)\psi(\boldsymbol{x}) = \frac{2m}{\hbar^2}V(\boldsymbol{x})\psi(\boldsymbol{x}) \tag{483}$$

ここで，グリーン関数 $G(\boldsymbol{x}, \boldsymbol{x}')$ をつぎのように定義する．

$$(\nabla_{\boldsymbol{x}}^2 + k^2)G(\boldsymbol{x}, \boldsymbol{x}') = \delta^3(\boldsymbol{x} - \boldsymbol{x}') \tag{484}$$

($\nabla_{\boldsymbol{x}}$ は $\boldsymbol{x}$ による微分) 並進不変性より，G は $\boldsymbol{x} - \boldsymbol{x}'$ のみの関数である．

$$G(\boldsymbol{x}, \boldsymbol{x}') = G(\boldsymbol{x} - \boldsymbol{x}') \tag{485}$$

後で見るように上の条件だけでは G は一意的に決まらないが，G が与えられたとして，波動関数の満たす積分方程式を以下のように書き下すことができる．

$$\psi(\boldsymbol{x}) = \varphi_{\boldsymbol{k}}(\boldsymbol{x}) + \int d^3x' \, G(\boldsymbol{x} - \boldsymbol{x}')\frac{2m}{\hbar^2}V(\boldsymbol{x}')\psi(\boldsymbol{x}') \tag{486}$$

ここで

$$\varphi_{\boldsymbol{k}}(\boldsymbol{x}) = e^{i\boldsymbol{k}\cdot\boldsymbol{x}} \tag{487}$$

は平面波解で $V=0$ のシュレーディンガー方程式

$$(\nabla^2 + k^2)\varphi_{\boldsymbol{k}}(\boldsymbol{x}) = 0 \tag{488}$$

をみたす ($\boldsymbol{k}^2 = k^2$)．

積分方程式 (486) が成り立つことを示すには，まず $\nabla^2 + k^2$ を作用させると，シュレーディンガー方程式 (483) が得られることは容易にわかる．

8.4 散乱解に対する積分方程式とグリーン関数

また，$V=0$ とおけば

$$\psi(\boldsymbol{x}) = \varphi_{\boldsymbol{k}}(\boldsymbol{x}) \tag{489}$$

と，散乱のない場合の自由粒子解に帰着する．

さて，グリーン関数 $G(\boldsymbol{x})$ は

$$(\nabla_{\boldsymbol{x}}^2 + k^2) G(\boldsymbol{x}) = \delta^3(\boldsymbol{x}) \tag{490}$$

の解である．これを求めるためにフーリエ成分に分解し，

$$G(\boldsymbol{x}) = \int \frac{\mathrm{d}^3 l}{(2\pi)^3} \, \mathrm{e}^{i\boldsymbol{l}\cdot\boldsymbol{x}} \widetilde{G}(\boldsymbol{l}) \tag{491}$$

代数方程式

$$(-\boldsymbol{l}^2 + k^2) \widetilde{G}(\boldsymbol{l}) = 1 \tag{492}$$

を得る．これより

$$G(\boldsymbol{x}) = -\int \frac{\mathrm{d}^3 l}{(2\pi)^3} \frac{\mathrm{e}^{i\boldsymbol{l}\cdot\boldsymbol{x}}}{\boldsymbol{l}^2 - k^2} \tag{493}$$

積分変数を極座標に移行し角度積分を実行すると

$$\begin{aligned}
G(\boldsymbol{x}) &= -\frac{1}{(2\pi)^2 ir} \int_0^\infty \frac{l \, \mathrm{d}l}{l^2 - k^2} \left(\mathrm{e}^{ilr} - \mathrm{e}^{-ilr} \right) \\
&= -\frac{1}{(2\pi)^2 ir} \int_{-\infty}^\infty \frac{l \, \mathrm{d}l}{l^2 - k^2} \mathrm{e}^{ilr}
\end{aligned} \tag{494}$$

（ここで $r=|\boldsymbol{x}|, l=|\boldsymbol{l}|$） q を複素変数と考えると，$r>0$ に注意して積分経路を上半面で閉じて，コーシーの定理を適用できる．$l=\pm k$ の極の取扱いに不定性があるが，経路を図5のように $l=k$ の下側を通す（$l=-k$ の上側）と

$$G(\boldsymbol{x}) = G_+(\boldsymbol{x}) = -\frac{\mathrm{e}^{ikr}}{4\pi r} \tag{495}$$

逆に，経路を $l=k$ の上側（$l=-k$ の下側）にとれば

$$G(\boldsymbol{x}) = G_-(\boldsymbol{x}) = -\frac{\mathrm{e}^{-ikr}}{4\pi r} \tag{496}$$

が得られる．このうち，いま必要な境界条件を与えるのは G_+ のほうである．これは式 (486) における積分において，G_+ を用いると

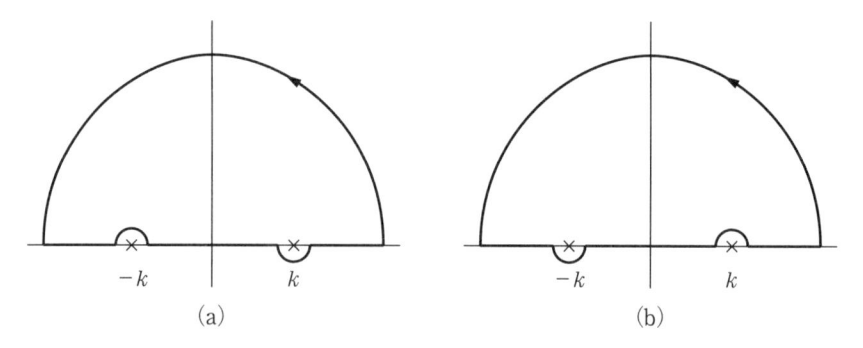

図 5 $G(x)$ に対する l 複素平面上の積分経路. (a) $G_+(x)$, (b) $G_-(x)$.

$$\psi(\boldsymbol{x}) = \varphi_{\boldsymbol{k}}(\boldsymbol{x}) - \frac{1}{4\pi}\int d^3x' \frac{e^{ik|\boldsymbol{x}-\boldsymbol{x}'|}}{|\boldsymbol{x}-\boldsymbol{x}'|} \frac{2m}{\hbar^2} V(\boldsymbol{x}')\psi(\boldsymbol{x}') \qquad (497)$$

となり,ポテンシャルの短距離性より積分には $\boldsymbol{x}'$ の原点付近が寄与することに注意すると, $r = |\boldsymbol{x}| \to \infty$ で

$$\frac{e^{ik|\boldsymbol{x}-\boldsymbol{x}'|}}{|\boldsymbol{x}-\boldsymbol{x}'|} \simeq \frac{1}{r}e^{ikr - i\boldsymbol{k}'\cdot\boldsymbol{x}'} + O(r^{-2}) \qquad (498)$$

(ここで $\boldsymbol{k}'$ は向き $\boldsymbol{x}$, 大きさ k のベクトル) と展開でき,式 (497) の第2項の表す散乱波が外向きの球面波となっていることからわかる.

これより散乱振幅は

$$f(\theta,\varphi) = -\frac{m}{2\pi\hbar^2}\int d^3x' e^{-i\boldsymbol{k}'\cdot\boldsymbol{x}'} V(\boldsymbol{x}')\psi(\boldsymbol{x}') \qquad (499)$$

で与えられる.ただし, (θ,φ) は $\boldsymbol{k}'$ の方向である.

8.5 摂動展開とボルン近似

シュレーディンガー方程式の解が知られていれば,式 (499) に解を代入して散乱振幅,断面積を計算することができるが,一般には解を閉じた形で求めることは可能でない.散乱振幅に対する有用な近似として,ボルン近似が頻繁に使われる.

ポテンシャル $V(r)$ を摂動とみなしてよいとすると，積分方程式 (497) を逐次近似で解くことができる．$V=0$ のとき $\psi = \varphi_{\boldsymbol{k}}$ なので，被積分関数の ψ をこれで置きかえ，1 次近似

$$\psi(\boldsymbol{x}) \simeq \varphi_{\boldsymbol{k}}(\boldsymbol{x}) - \frac{1}{4\pi} \int d^3 x' \frac{e^{ik|\boldsymbol{x}-\boldsymbol{x}'|}}{|\boldsymbol{x}-\boldsymbol{x}'|} \frac{2m}{\hbar^2} V(\boldsymbol{x}') \varphi_{\boldsymbol{k}}(\boldsymbol{x}') \tag{500}$$

が得られる．近似を上げるにはこれをさらに被積分関数に代入することをくり返せばよい．

これより，1 次近似における散乱振幅は式 (499) で右辺の $\psi(\boldsymbol{x})$ を $\varphi_{\boldsymbol{k}}(\boldsymbol{x})$ で置きかえたものとなる．この表式はつぎのように書き直すことができる．

$$f(\theta, \varphi) = -\frac{m}{2\pi\hbar^2} \int d^3 x \, \varphi_{\boldsymbol{k}'}^*(\boldsymbol{x}) V(\boldsymbol{x}) \varphi_{\boldsymbol{k}}(\boldsymbol{x}) \tag{501}$$

つまり，ポテンシャル V を始状態と終状態の平面波ではさんだ行列要素の形となる．これをボルン近似とよぶ．あるいは，

$$f(\theta, \varphi) = -\frac{m}{2\pi\hbar^2} \int d^3 x \, e^{i(\boldsymbol{k}-\boldsymbol{k}')\cdot\boldsymbol{x}} V(\boldsymbol{x}) \tag{502}$$

とも書ける．すなわち，ボルン近似における散乱振幅は，ポテンシャルのフーリエ変換で与えられる．ここに現れる $\hbar\boldsymbol{k}$，$\hbar\boldsymbol{k}'$ はそれぞれ入射粒子，散乱粒子の運動量であり，運動量移行 $\boldsymbol{q} = \hbar(\boldsymbol{k}-\boldsymbol{k}')$ の大きさは，散乱角 θ ($\boldsymbol{k}$ と $\boldsymbol{k}'$ のなす角) とつぎの関係がある．

$$\boldsymbol{q}^2 = 2\hbar^2 k^2 (1-\cos\theta) = 4mE(1-\cos\theta) \tag{503}$$

8.6 時間に依存する摂動論との関係

前節のボルン近似の結果は，時間による摂動論に基づくフェルミの黄金律と対応づけることができる．ここでの摂動ハミルトニアンであるポテンシャルは時間依存性はもたないので，式 (365) において $\omega \to 0$ とした場合に対応する．始状態，終状態をそれぞれ運動量 $\hbar\boldsymbol{k}$，$\hbar\boldsymbol{k}'$ の状態として（ここでは必ずしも大きさは等しくないとしておく），単位時間あたり遷移確率は

$$w = \frac{2\pi}{\hbar}\left|\langle \bm{k}'|V|\bm{k}\rangle\right|^2 \delta(E_{\bm{k}'} - E_{\bm{k}}) \tag{504}$$

と与えられる．これと断面積との関係をつけるには，まず終状態の和の意味を明確にする必要がある．ここでは波動関数として（連続状態）

$$\varphi_{\bm{k}}(\bm{x}) = e^{i\bm{k}\cdot\bm{x}} \tag{505}$$

を用いており，規格化は

$$\langle \bm{k}'|\bm{k}\rangle = (2\pi)^3 \delta^3(\bm{k}' - \bm{k}) \tag{506}$$

となっている．この規格化に対応する状態和は

$$\sum_{\text{states}} = \int \frac{d^3 k}{(2\pi)^3} \tag{507}$$

となる（これは，

$$\bm{1} = \int \frac{d^3 k}{(2\pi)^3} |\bm{k}\rangle\langle \bm{k}| \tag{508}$$

が上の規格化と整合性があることをみればわかる）．遷移確率に対して終状態の和をとる際に，極座標に移行し $d^3 k' = k'^2 dk' d\Omega$, さらに

$$k'^2 dk' = \frac{k'm}{\hbar^2} dE_{k'} \tag{509}$$

と変数変換すると，$E_{k'}$ で積分して

$$\frac{dw}{d\Omega} = \frac{mk}{(2\pi)^2 \hbar^3}\left|\langle \bm{k}'|V|\bm{k}\rangle\right|^2 \tag{510}$$

が得られる（積分した時点で k' の大きさは k と等しくなる）．

これを断面積に読み替えるには，用いている始状態の規格化が単位体積あたり1個の粒子数密度に対応することに注意すれば，粒子の速度 $v = \hbar k/m$ で割れば単位フラックスあたりに換算できる．

$$\frac{d\sigma}{d\Omega} = \frac{m}{\hbar k}\frac{dw}{d\Omega} = \left(\frac{m}{2\pi\hbar^2}\right)^2 \left|\langle \bm{k}'|V|\bm{k}\rangle\right|^2 \tag{511}$$

この結果は，式 (501) の絶対値自乗と一致している．

8.7 時間発展演算子

一般論に戻り，まず状態の時間発展を表す演算子をつぎのように定義する．

$$|\psi(t)\rangle = U(t, t_0)|\psi(t_0)\rangle \tag{512}$$

U は以下の性質をもつ．まず定義より

$$U(t', t)U(t, t_0) = U(t', t_0) \tag{513}$$

$$U(t, t_0)^{-1} = U(t_0, t) \tag{514}$$

また，ハミルトニアンのエルミート性より，状態ベクトルの大きさは時間によらないので，$U(t, t_0)$ はユニタリー演算子である．

$$U(t, t_0)^\dagger = U(t, t_0)^{-1} = U(t_0, t) \tag{515}$$

シュレーディンガー方程式より，U は方程式

$$i\hbar \frac{\mathrm{d}}{\mathrm{d}t} U(t, t_0) = H(t) U(t, t_0) \tag{516}$$

および初期条件

$$U(t_0, t_0) = 1 \tag{517}$$

を満たす．

ハミルトニアンが時間によらない場合には，式 (516) を積分して

$$U(t, t_0) = \mathrm{e}^{-iH(t-t_0)/\hbar} \tag{518}$$

が得られる．

一般の場合は，逐次近似法により

$$U(t, t_0) = 1 - \frac{i}{\hbar} \int_{t_0}^{t} \mathrm{d}t'\, H(t') \\ + \left(-\frac{i}{\hbar}\right)^2 \int_{t_0}^{t} \mathrm{d}t'\, H(t') \int_{t_0}^{t'} \mathrm{d}t''\, H(t'') + \cdots \tag{519}$$

という展開が得られる．ここで T 積

$$T\bigl(A(t_1)B(t_2)\bigr) = \begin{cases} A(t_1)B(t_2) & t_1 > t_2 \\ B(t_2)A(t_1) & t_1 < t_2 \end{cases} \tag{520}$$

(3つ以上の積の場合も,時刻の大きい順に並べる)を導入すると,式 (519) の第3項は

$$\frac{1}{2!}\left(-\frac{i}{\hbar}\right)^2 \int_{t_0}^{t} dt_1 \int_{t_0}^{t} dt_2 \, T\bigl(H(t_1)H(t_2)\bigr) \tag{521}$$

と書き直せ,U はまとめて

$$U(t,t_0) = \sum_{k=0}^{\infty} \frac{1}{k!}\left(-\frac{i}{\hbar}\right)^k \times \int_{t_0}^{t} dt_1 \cdots \int_{t_0}^{t} dt_k \, T\bigl(H(t_1)\cdots H(t_k)\bigr) \tag{522}$$

と書ける.これをさらに

$$U(t,t_0) = T\exp\left(-\frac{i}{\hbar}\int_{t_0}^{t} dt \, H(t)\right) \tag{523}$$

と書くことにする.任意の時刻の $H(t)$ 同士が可換ならば,T は不要で通常の指数関数となる.

8.8 遅延グリーン関数

8.4節では定常状態のシュレーディンガー方程式の解を表すのに3次元のグリーン関数を用いたが,ここでは時間発展を解く方法として4次元のグリーン関数を導入する.

シュレーディンガー方程式は線形方程式なので,任意の状態の時間発展は,完全系の基底をなす状態の時間発展が知られていれば求められる.この基底として位置の固有状態をとることができる.そこで,時刻 t_0 において状態 $|\boldsymbol{x}_0\rangle$ を用意したときの,後の時刻 $t > t_0$ における波動関数を

$$i\hbar G(\boldsymbol{x},t;\boldsymbol{x}_0,t_0) \tag{524}$$

と書く.これを用いると,t_0 での波動関数 $\psi(\boldsymbol{x}_0,t_0)$ が与えられた場合の時刻 t における波動関数は

$$\psi(\boldsymbol{x},t) = \int d^3 x_0\, i\hbar G(\boldsymbol{x},t;\boldsymbol{x}_0,t_0)\psi(\boldsymbol{x}_0,t_0) \tag{525}$$

と表される.

これ以後, $t < t_0$ の場合は $G = 0$ と定義する.このように定義した G を遅延グリーン関数とよび,性質

$$\theta(t-t_0)G(\boldsymbol{x},t;\boldsymbol{x}_0,t_0) = G(\boldsymbol{x},t;\boldsymbol{x}_0,t_0) \tag{526}$$

を満たす.前節で定義した時間発展演算子を用いると, G は

$$i\hbar G(\boldsymbol{x},t;\boldsymbol{x}_0.t_0) = \langle \boldsymbol{x}|U(t,t_0)|\boldsymbol{x}_0\rangle \theta(t-t_0) \tag{527}$$

と書ける.この式の右辺の行列要素に完全系をはさむと,

$$\begin{aligned}\langle \boldsymbol{x}|U(t,t_0)|\boldsymbol{x}_0\rangle &= \langle \boldsymbol{x}|U(t,0)U(0,t_0)|\boldsymbol{x}_0\rangle \\ &= \sum_i \langle \boldsymbol{x}|U(0,t)^\dagger|i\rangle\langle i|U(0,t_0)|\boldsymbol{x}_0\rangle \\ &= \sum_i \psi_i(\boldsymbol{x},t)\psi_i^*(\boldsymbol{x}_0,t_0)\end{aligned} \tag{528}$$

と表すことができる.さらに, G は方程式

$$\left[i\hbar\frac{\partial}{\partial t} - H(\boldsymbol{x},t)\right] G(\boldsymbol{x},t;\boldsymbol{x}_0,t_0) = \delta(t-t_0)\delta^3(\boldsymbol{x}-\boldsymbol{x}_0) \tag{529}$$

を満たすことが示される.

8.9 自由粒子に対するグリーン関数

自由粒子のハミルトニアン $H = H_0 = \boldsymbol{p}^2/2m$ の場合はグリーン関数を閉じた形で求めることができる. G の満たす方程式は

$$\left(i\hbar\frac{\partial}{\partial t} + \frac{\hbar^2}{2m}\nabla^2\right) G_0(\boldsymbol{x},t;\boldsymbol{x}_0,t_0) = \delta(t-t_0)\delta^3(\boldsymbol{x}-\boldsymbol{x}_0) \tag{530}$$

4次元フーリエ成分に展開する

$$\begin{aligned}G_0(\boldsymbol{x},t;\boldsymbol{x}_0,t_0) = \int &\frac{d^3 p\, dE}{(2\pi\hbar)^4} \\ &\times e^{i\boldsymbol{p}\cdot(\boldsymbol{x}-\boldsymbol{x}_0)/\hbar - iE(t-t_0)/\hbar}\widetilde{G}_0(\boldsymbol{p},E;\boldsymbol{x}_0,t_0)\end{aligned} \tag{531}$$

と，式 (530) は代数方程式に帰着する．

$$\left(E - \frac{\boldsymbol{p}^2}{2m}\right)\widetilde{G}_0 = 1 \tag{532}$$

$E \neq \boldsymbol{p}^2/2m$ に対しては

$$\widetilde{G}_0 = \frac{1}{E - \dfrac{\boldsymbol{p}^2}{2m}} \tag{533}$$

$E = \boldsymbol{p}^2/2m$ における特異性は，次式のように無限小の虚数部を与えると，$t < t_0$ のとき正しく $G = 0$ となることが複素積分の手法を用いてわかる．

$$G_0(\boldsymbol{x}, t; \boldsymbol{x}_0, t_0) = \int \frac{\mathrm{d}^3 p\, dE}{(2\pi\hbar)^4} \frac{\mathrm{e}^{i\boldsymbol{p}\cdot(\boldsymbol{x}-\boldsymbol{x}_0)/\hbar - iE(t-t_0)/\hbar}}{E - \dfrac{\boldsymbol{p}^2}{2m} + i0} \tag{534}$$

E 積分を行って

$$i\hbar G_0(\boldsymbol{x}, t; \boldsymbol{x}_0, t_0) = \theta(t - t_0)\int \frac{\mathrm{d}^3 p}{(2\pi\hbar)^3}\, \mathrm{e}^{i[\boldsymbol{p}\cdot(\boldsymbol{x}-\boldsymbol{x}_0) - \frac{\boldsymbol{p}^2}{2m}(t-t_0)]/\hbar} \tag{535}$$

この表式は自由粒子の平面波解

$$\psi_{\boldsymbol{p}}(\boldsymbol{x}, t) = \frac{1}{(2\pi\hbar)^{3/2}}\, \mathrm{e}^{i(\boldsymbol{p}\cdot\boldsymbol{x} - \frac{\boldsymbol{p}^2}{2m} t)/\hbar} \tag{536}$$

に対する式 (528) の形となっている．p 積分を遂行すると

$$i\hbar G_0(\boldsymbol{x}, t; \boldsymbol{x}_0, t_0) = \theta(t - t_0)\left(\frac{m}{2\pi i\hbar(t - t_0)}\right)^{3/2} \mathrm{e}^{\frac{im(\boldsymbol{x}-\boldsymbol{x}_0)^2}{2\hbar(t-t_0)}} \tag{537}$$

8.10 グリーン関数の摂動展開

ハミルトニアンが $H = H_0 + H'$ と書け，H_0 に対するグリーン関数 G_0 が知られているとき，H に対するグリーン関数 G に対する摂動展開を導く．G の満たす方程式 (529) および G_0 に対する方程式

$$\left[i\hbar\frac{\partial}{\partial t} - H_0(\boldsymbol{x}, t)\right] G_0(\boldsymbol{x}, t; \boldsymbol{x}_0, t_0) = \delta(t - t_0)\delta^3(\boldsymbol{x} - \boldsymbol{x}_0) \tag{538}$$

より，G は積分方程式

$$G(\boldsymbol{x}, t; \boldsymbol{x}_0, t_0) = G_0(\boldsymbol{x}, t; \boldsymbol{x}_0, t_0) + \int \mathrm{d}^3 x' \int_{t_0}^{t} \mathrm{d}t'\, G_0(\boldsymbol{x}, t; \boldsymbol{x}', t')$$

$$\times H'(\boldsymbol{x}', t') G(\boldsymbol{x}', t'; \boldsymbol{x}_0, t_0) \tag{539}$$

を満たすことが示せる. これを逐次近似で解くと

$$\begin{aligned} G(\boldsymbol{x}, t; \boldsymbol{x}_0, t_0) &= G_0(\boldsymbol{x}, t; \boldsymbol{x}_0, t_0) \\ &+ \int d^3 x' \int_{t_0}^{t} dt' \, G_0(\boldsymbol{x}, t; \boldsymbol{x}', t') H'(\boldsymbol{x}', t') G_0(\boldsymbol{x}', t'; \boldsymbol{x}_0, t_0) \\ &+ \int d^3 x' \int_{t_0}^{t} dt' \, G_0(\boldsymbol{x}, t; \boldsymbol{x}', t') H'(\boldsymbol{x}', t') \\ &\quad \times \int d^3 x'' \int_{t_0}^{t'} dt'' \, G_0(\boldsymbol{x}', t'; \boldsymbol{x}'', t'') H'(\boldsymbol{x}'', t'') \\ &\quad \times G_0(\boldsymbol{x}'', t''; \boldsymbol{x}_0, t_0) + \cdots \end{aligned} \tag{540}$$

という表式が得られる.

8.11 S 行 列

散乱を記述する基本量として S 行列がある. これはポテンシャル散乱だけでなく, 場の理論においても定義でき, 適用範囲の広い量である. 簡単にいえば, S 行列は, 散乱の初期状態を用いた基底と, 終状態を用いた基底の間のユニタリー変換行列であり, S 行列の要素は散乱の初期状態から終状態への遷移行列である.

まず

$$S_{t,t_0} = U_0(t_0, t) U(t, t_0) \tag{541}$$

としてさらに S を

$$S = \lim_{\substack{t \to \infty \\ t_0 \to -\infty}} S_{t,t_0} \tag{542}$$

と定義する. この定義より, S はユニタリーとなる. 自由粒子の場合は, $U = U_0$ であるから $S = 1$ となるが, これは散乱が起こらないことに対応する.

ポテンシャル散乱の場合，運動量の固有状態を基底にとると S 行列要素

$$S(\bm{p}',\bm{p}) = \langle \bm{p}'|S|\bm{p}\rangle \tag{543}$$

は

$$\begin{aligned}S(\bm{p}',\bm{p}) = \lim_{\substack{t'\to\infty \\ t\to-\infty}} &\mathrm{e}^{i\frac{\bm{p}'^2}{2m}(t'-t)/\hbar} \\ &\times \int\mathrm{d}^3x'\!\int\mathrm{d}^3x\,\mathrm{e}^{i(\bm{p}\cdot\bm{x}-\bm{p}'\cdot\bm{x}')/\hbar}i\hbar G(\bm{x}',t';\bm{x},t)\end{aligned} \tag{544}$$

と表せる．G に対する摂動展開 (540) を代入して，

$$\begin{aligned}S(\bm{p}',\bm{p}) = {}&\delta^3(\bm{p}'-\bm{p}) \\ &-\frac{i}{\hbar}\int\mathrm{d}^3x\!\int\mathrm{d}t\,\psi^*_{\bm{p}'}(\bm{x},t)H'(\bm{x},t)\psi_{\bm{p}}(\bm{x},t)+\cdots\end{aligned} \tag{545}$$

となる．H' が時間依存性をもたないときはさらに

$$\begin{aligned}S(\bm{p}',\bm{p}) = {}&\delta^3(\bm{p}'-\bm{p}) - 2\pi i\delta(E_{\bm{p}'}-E_{\bm{p}}) \\ &\times\int\frac{\mathrm{d}^3x}{(2\pi\hbar)^3}\,\mathrm{e}^{-i\bm{p}'\cdot\bm{x}/\hbar}H'(\bm{x})\mathrm{e}^{i\bm{p}\cdot\bm{x}/\hbar}+\cdots\end{aligned} \tag{546}$$

ただし

$$E_{\bm{p}} = \frac{\bm{p}^2}{2m} \tag{547}$$

となり，散乱過程においてエネルギーが保存される．この第 2 項はボルン近似に相当する．

中心力ポテンシャルの場合，角運動量の固有状態を基底にとれば，角運動量が保存されることから，

$$\langle J'|S|J\rangle = \delta_{J'J}S_J \tag{548}$$

と書け，S のユニタリー性より

$$S_J = e^{2i\delta_J} \tag{549}$$

と表すことができる．この δ_J は式 (476) の位相のずれそのものである．

8.12 相互作用描像と S 行列

相互作用描像は，シュレーディンガー描像とハイゼンベルク描像を折衷したような描像で，摂動展開の際に便利である．系のハミルトニアンが $H = H_0 + H'$ と書かれ，H_0 は時間依存性をもたないとする．相互作用描像の状態ベクトルは

$$|\psi(t)\rangle_I = e^{+iH_0 t/\hbar}|\psi(t)\rangle \tag{550}$$

と定義される．これに対応して，この描像での演算子 O は一般に

$$O_I(t) = e^{+iH_0 t/\hbar} O(t) e^{-iH_0 t/\hbar} \tag{551}$$

となる．状態の時間発展を記述する方程式は

$$i\hbar \frac{d}{dt}|\psi(t)\rangle_I = H'_I(t)|\psi(t)\rangle_I \tag{552}$$

ここに現れる摂動ハミルトニアンは

$$H'_I(t) = e^{+iH_0 t/\hbar} H'(t) e^{-iH_0 t/\hbar} \tag{553}$$

と表される．この描像では，非摂動項（典型的には自由粒子ハミルトニアン）に対応する時間依存性を演算子が担い，摂動（相互作用）に起因する時間依存性は状態が担っている．摂動を無視する極限ではハイゼンベルク描像と一致する．(以上では H_0 が時間によらないとしたが，時間依存性をもつ場合は，$e^{-iH_0 t/\hbar}$ を $U_0(t,0)$，$e^{+iH_0 t/\hbar}$ を $U_0(0,t)$ でおきかえればよい.)

この描像における時間発展演算子 $U_I(t, t_0)$ は

$$i\hbar \frac{d}{dt} U_I(t, t_0) = H'_I(t) U_I(t, t_0) \tag{554}$$

を満たし，摂動項がなければ $U_0 I(t, t_0) = 1$ となる．これより，この描像での S 行列は，

$$S = U_I(+\infty, -\infty) = T \exp\left(-\frac{i}{\hbar} \int_{-\infty}^{+\infty} dt\, H'_I(t)\right) \tag{555}$$

と表すことができる．この表式は場の理論における摂動論で中心的な役割を果たす．

演 習 問 題

[1] 方程式 (529) を導出せよ．
[2] 積分方程式 (539) が成り立つことを以下のようにして示せ．
(a) 自由粒子の遅延グリーン関数 G_0 が方程式
$$\left[-i\hbar\frac{\partial}{\partial t_0} - H_0(\boldsymbol{x}_0, t_0)\right] G_0(\boldsymbol{x}, t; \boldsymbol{x}_0, t_0) = \delta(t-t_0)\delta^3(\boldsymbol{x}-\boldsymbol{x}_0)$$
をみたすことを示せ．
(b) 遅延グリーン関数の性質より，積分方程式 (539) 中の t' 積分の範囲は $-\infty < t' < \infty$ としてよい．(539) 中の $H'(\boldsymbol{x}', t')$ を
$$\left[i\hbar\frac{\partial}{\partial t'} - H_0(\boldsymbol{x}', t')\right] - \left[i\hbar\frac{\partial}{\partial t'} - H(\boldsymbol{x}', t')\right]$$
と書き直し，G_0 について導かれた式および G のみたす方程式 (529) を用いてこれが成り立つことを示せ．

9章
経路積分

8.10 節で導入したグリーン関数 $G(x,t;x_0,t_0)$ （遷移振幅）は，これが知られていれば任意の状態の時間発展を求められるので，量子系のすべての情報を含んでいるということができる．ここでは，この量の経路積分表示とよばれる表し方を議論する．経路積分は，系の量子化の新たな方法として，とくに場の理論で有用である．

9.1 経路積分表示の導出

記法の煩雑さを避けるため，1次元系
$$H = \frac{p^2}{2m} + V(x) \tag{556}$$
$$i\hbar G(x,t;x_0,0) = \langle x|\mathrm{e}^{-iHt/\hbar}|x_0\rangle \tag{557}$$
を考える．3次元への拡張は自明である．

指数関数の1つの定義
$$\mathrm{e}^X = \lim_{n\to\infty}\left(1+\frac{X}{n}\right)^n \tag{558}$$
を念頭に置き，$\Delta t = t/n$ として
$$i\hbar G_n = \langle x|(1-iH\Delta t/\hbar)^n|x_0\rangle \tag{559}$$
を考える．n 個の因子のあいだにそれぞれ完全系

を挿入し，さらに完全系

$$1 = \int dx_i \, |x_i\rangle\langle x_i| \tag{560}$$

$$1 = \int dp_i \, |p_i\rangle\langle p_i| \tag{561}$$

を挿入して

$$i\hbar G_n = \int dx_1 \cdots dx_{n-1} \, dp_0 \cdots dp_{n-1} \, \langle x|p_{n-1}\rangle$$
$$\times \langle p_{n-1}|(1 - iH\Delta t/\hbar)|x_{n-1}\rangle \cdots$$
$$\times \langle x_1|p_0\rangle\langle p_0|(1 - iH\Delta t/\hbar)|x_0\rangle \tag{562}$$

ハミルトニアンの各行列要素は，つぎのように求められる．

$$\langle p_i|H(\hat{p},\hat{x})|x_i\rangle = \left(\frac{p_i^2}{2m} + V(x_i)\right)\langle p_i|x_i\rangle$$
$$= \frac{1}{(2\pi\hbar)^{1/2}} e^{ip_i x_i/\hbar} H(p_i, x_i) \tag{563}$$

これより

$$\langle p_i|(1 - iH\Delta t/\hbar)|x_i\rangle \simeq \frac{1}{(2\pi\hbar)^{1/2}} e^{ip_i x_i/\hbar} e^{-iH(p_i,x_i)\Delta t/\hbar} \tag{564}$$

と表せるので，G_n は

$$i\hbar G_n \simeq \prod_{i=1}^{n-1} \int dx_i \prod_{i=0}^{n-1} \int \frac{dp_i}{2\pi\hbar} \times e^{i \sum_{i=0}^{n-1} \left[p_i(x_{i+1}-x_i) - \Delta t H(p_i, x_i)\right]/\hbar}$$
$$= \prod_{i=1}^{n-1} \int dx_i \prod_{i=0}^{n-1} \int \frac{dp_i}{2\pi\hbar} \times e^{i \sum_{i=0}^{n-1} \Delta t \left[p_i \frac{x_{i+1}-x_i}{\Delta t} - H(p_i, x_i)\right]/\hbar} \tag{565}$$

と書ける．$n \to \infty$ の極限をとると，差分は微分に帰着することに注意し，

$$\frac{x_{i+1} - x_i}{\Delta t} \to \frac{dx}{dt} \tag{566}$$

この極限を形式的にとったものをつぎのように書く．

$$i\hbar G = \int \frac{\mathcal{D}p\mathcal{D}x}{2\pi\hbar} \times \exp\left\{i\int dt \left[p(t)\dot{x}(t) - H(p(t), x(t))\right]/\hbar\right\} \tag{567}$$

これを位相空間における経路積分表示とよぶことにする．

ハミルトニアンの p 依存性が p^2 なので，p 積分を実行することができる．

$$i\hbar G_n = \left(\frac{m}{2\pi i\Delta t}\right)^{n/2} \prod_{i=1}^{n-1} \int \mathrm{d}x_i$$
$$\times \exp\left\{i\Delta t \sum_{i=0}^{n-1}\left[\frac{1}{2}m\left(\frac{x_{i+1}-x_i}{\Delta t}\right)^2 - V(x_i)\right]\Big/\hbar\right\} \quad (568)$$

ここで，$n \to \infty$ として

$$i\hbar G = \mathcal{N}\int \mathcal{D}x\, \mathrm{e}^{i\int_0^t \mathrm{d}t\,\left[\frac{1}{2}m\dot{x}^2 - V(x)\right]/\hbar}$$
$$= \mathcal{N}\int \mathcal{D}x\, \mathrm{e}^{i\int_0^t \mathrm{d}t\, L(x(t),\dot{x}(t))/\hbar}$$
$$= \mathcal{N}\int \mathcal{D}x\, \mathrm{e}^{iS/\hbar} \quad (569)$$

これが経路積分表示の最終的な形である．指数関数の引数は（古典的）ラグランジアンの時間積分，すなわち作用となっている．

ここまで，正準交換関係式に基づいた演算子形式の量子力学から出発して，振幅の経路積分を導いたが，経路積分を出発点にして，古典力学から量子力学に移行することができる．この方法では，演算子とその交換関係式を必要とせず，通常の数のみを用いた量子力学の定式化が可能である．

9.2 古典力学と量子力学の対応関係

古典力学における運動方程式は，最小作用の原理から導くことができる．粒子の運動の始点 (x_0, t_0) と終点 (x_f, t_f) を与えたとき，2点を結ぶ任意の経路 $x(t)$ を考え，その経路にそってラグランジアンを積分したものを作用とよぶ．

$$S = \int_{t_0}^{t_f} \mathrm{d}t\, L\bigl(x(t), \dot{x}(t)\bigr) \quad (570)$$

実際に実現される運動は，作用を最小にするような経路である．すなわち，$x(t)$ の微小変化 $x(t) \to x(t) + \delta x(t)$ に対し，作用積分が停留値をとる

$$\delta S/\delta x = 0 \quad (571)$$

という条件より，運動方程式が得られる．

量子力学における遷移振幅 $G(x_f, t_f; x_0, t_0)$ の経路積分表示の式 (569) は，量 $e^{iS/\hbar}$ をあらゆる経路に対して足しあげた形になっている．つまり，古典的に可能な運動だけでなく，あらゆる経路が量子論的振幅には寄与している．

この表現において，古典的極限がどのように現れるかをみる．古典的な場合は，作用が $\hbar$ に比べてきわめて大きい場合と考えられる．経路積分において，経路を少し変化させたとき，S の変化により $e^{iS/\hbar}$ は一般的にきわめて速く振動するので，経路について積分すると平均して 0 となる（リーマン–ルベーグの定理）．その例外は，経路の変化のもとで S がほとんど変化しない場合，すなわち $x(t)$ が古典的運動方程式を満たす場合である．このように，古典的極限では経路積分のうち，古典運動に対応する経路のみが寄与することがわかる．

10章
量子力学の相対論的拡張

これまでは非相対論的な場合を念頭に置いて議論を進めてきたが，量子力学の基本的な理論構造は，特殊相対論の枠組みにおいても変更は受けない．時間発展を記述するシュレーディンガー方程式 (36)

$$i\hbar \frac{\mathrm{d}}{\mathrm{d}t}|\psi(t)\rangle = \hat{H}|\psi(t)\rangle$$

は相対論的な場合にも成立する．しかし，ハミルトニアンの具体的な形 (58)

$$H = \frac{\boldsymbol{p}^2}{2m} + V(\boldsymbol{x})$$

は，非相対論的な運動エネルギーと運動量の関係

$$E = \frac{\boldsymbol{p}^2}{2m} \tag{572}$$

に基づいており，相対論的なエネルギーと運動量の関係

$$E^2 = \boldsymbol{p}^2 c^2 + m^2 c^4 \tag{573}$$

とは相いれない．

相対論的効果が重要になる状況では，粒子の運動エネルギーが質量エネルギーと同等またはそれ以上の大きさになり，一般に粒子の生成・消滅によって粒子数の変化が起こりうる．これを記述するためには，量子場の理論が必要になってくる．さらに，理論が相対性原理を満足する（あらゆる慣性系において理論が同じ形をとる）ためには，きわめて厳しい条件が課される．この章では一体問題としての取扱いが可能な範囲で相対論的な量

子力学を扱うことにする．

10.1 ディラック方程式

電子などのスピン 1/2 をもつ粒子を記述する相対論的な方程式はディラック方程式である．スピン 1/2 の粒子は，2 つの独立なスピン自由度をもっている．非相対論的な量子力学では，これを 2 成分の波動関数を用いて記述でき，それに作用するスピン演算子はパウリ行列を用いて表せた．相対論的な場合の電子の記述には，4 成分の波動関数が必要になる．

$$\psi_\alpha(\boldsymbol{x}, t), \quad \alpha = 1, \ldots, 4 \tag{574}$$

これをディラックスピノルとよび，4 成分の列ベクトルで表すことにする．（自由粒子に対する）ディラックのハミルトニアンは

$$H = \boldsymbol{\alpha} \cdot \boldsymbol{p} c + \beta m c^2 \tag{575}$$

と書かれる．ここで α_i, β は 4 次の行列で，性質

$$\alpha_i \alpha_j + \alpha_j \alpha_i = 2\delta_{ij} \tag{576}$$

$$\alpha_i \beta + \beta \alpha_i = 0 \tag{577}$$

$$\beta^2 = 1 \tag{578}$$

を満たす．また，ハミルトニアンのエルミート性より α_i, β はエルミート行列である．4 成分スピノルの基底を適当に選ぶことにより，つぎの表示（ディラック表示）をとれる．

$$\alpha_i = \begin{pmatrix} \boldsymbol{0} & \sigma_i \\ \sigma_i & \boldsymbol{0} \end{pmatrix} \tag{579}$$

$$\beta = \begin{pmatrix} \boldsymbol{1} & \boldsymbol{0} \\ \boldsymbol{0} & -\boldsymbol{1} \end{pmatrix} \tag{580}$$

10.1 ディラック方程式

σ_i はパウリ行列，**1**, **0** は 2 次の単位行列，零行列である．ディラック方程式は，このハミルトニアンに対するシュレーディンガー方程式

$$i\hbar\frac{\partial}{\partial t}\psi = H\psi = -i\hbar c\boldsymbol{\alpha}\cdot\nabla\psi + \beta mc^2\psi \tag{581}$$

である．エネルギー固有関数のみたす方程式は

$$\left(-i\hbar c\boldsymbol{\alpha}\cdot\nabla + \beta mc^2\right)\psi(\boldsymbol{x}) = E\psi(\boldsymbol{x}) \tag{582}$$

となる．

この式を $(\boldsymbol{\alpha}\cdot\hat{\boldsymbol{p}}c + \beta mc^2 - E)\psi = 0$ と書き直し，$\boldsymbol{\alpha}\cdot\hat{\boldsymbol{p}}c + \beta mc^2 + E$ を作用させると，α_i, β の満たす性質 (576)〜(578) を用いて，

$$(\hat{\boldsymbol{p}}^2c^2 + m^2c^4 - E^2)\psi = 0 \tag{583}$$

が得られる．これは，相対論的なエネルギーと運動量の関係に相当する方程式である．

運動量はハミルトニアンと可換なので，エネルギーと運動量の同時固有関数が存在する．$\psi(\boldsymbol{x})$ をフーリエ分解

$$\psi(\boldsymbol{x}) = \int\frac{\mathrm{d}^3p}{(2\pi\hbar)^3}\tilde{\psi}(\boldsymbol{p})\mathrm{e}^{i\boldsymbol{p}\cdot\boldsymbol{x}/\hbar} \tag{584}$$

して，式 (582) より $\tilde{\psi}(\boldsymbol{p})$ に対する方程式

$$(\boldsymbol{\alpha}\cdot\boldsymbol{p}c + \beta mc^2 - E)\tilde{\psi}(\boldsymbol{p}) = 0 \tag{585}$$

が得られる．$\tilde{\psi}$ を上 2 成分と下 2 成分に分けて

$$\tilde{\psi} = \begin{pmatrix}\tilde{\varphi}\\ \tilde{\zeta}\end{pmatrix} \tag{586}$$

と書けば，式 (585) は連立方程式

$$\boldsymbol{\sigma}\cdot\boldsymbol{p}c\,\tilde{\varphi} = (E + mc^2)\tilde{\zeta} \tag{587}$$

$$\boldsymbol{\sigma}\cdot\boldsymbol{p}c\,\tilde{\zeta} = (E - mc^2)\tilde{\varphi} \tag{588}$$

に分解できる．この 2 式を組み合わせると，0 でない解が存在するためには

$$E^2 = \boldsymbol{p}^2 c^2 + m^2 c^4 \tag{589}$$

が必要となる．

方程式 (587), (588) の解を求める．まず，特別な場合として，運動量 $\boldsymbol{p}=0$（静止系）の場合は，2 式が独立となり，エネルギー固有値 $E=mc^2$ に対して

$$\tilde{\zeta} = 0 , \quad \tilde{\varphi} \text{ 任意} \tag{590}$$

すなわち，

$$\tilde{\psi} = \begin{pmatrix} \chi \\ 0 \end{pmatrix} \tag{591}$$

ここで，χ は任意の 2 成分ベクトル，0 は 2 成分の零ベクトルである．次節でみるように，スピンは

$$\boldsymbol{S} = \frac{\hbar}{2} \begin{pmatrix} \boldsymbol{\sigma} & \boldsymbol{0} \\ \boldsymbol{0} & \boldsymbol{\sigma} \end{pmatrix} \tag{592}$$

で与えられるので，この 2 成分はスピン 1/2 の状態空間に対応していることがわかる．

これに加えて，負のエネルギー固有値 $E=-mc^2$ の解が存在する．

$$\tilde{\psi} = \begin{pmatrix} 0 \\ \chi \end{pmatrix} \tag{593}$$

これの意味は後述する．

運動量が 0 でない場合は，上 2 成分と下 2 成分のあいだに関係がつく．

$$\tilde{\zeta} = \frac{\boldsymbol{\sigma} \cdot \boldsymbol{p} c}{E + mc^2} \tilde{\varphi} \tag{594}$$

一般解は

$$\tilde{\psi} = \begin{pmatrix} \chi \\ \dfrac{\boldsymbol{\sigma} \cdot \boldsymbol{p} c}{E + mc^2} \chi \end{pmatrix} \tag{595}$$

と書け，エネルギー固有値は $E = \pm\sqrt{\boldsymbol{p}^2 c^2 + m^2 c^4}$．

10.1 ディラック方程式

ついでスピンの自由度についてみる．非相対論的な場合には，スピンは空間部分の自由度とは完全に独立で可換であったが，ディラック方程式の場合はそうではない．ディラックのハミルトニアン

$$H = \boldsymbol{\alpha}\cdot\hat{\boldsymbol{p}}c + \beta mc^2 \tag{596}$$

と (592) で与えられるスピン角運動量の交換子を求めると

$$[\hat{\boldsymbol{S}}, H] = -i\hbar c\,\boldsymbol{\alpha}\times\hat{\boldsymbol{p}} \tag{597}$$

となり，エネルギー固有状態は一般にスピンの固有状態にはとれない．

同様に，軌道角運動量もハミルトニアンと可換でない

$$[\hat{\boldsymbol{L}}, H] = i\hbar c\,\boldsymbol{\alpha}\times\hat{\boldsymbol{p}} \tag{598}$$

が，全角運動量 $\hat{\boldsymbol{J}} = \hat{\boldsymbol{L}} + \hat{\boldsymbol{S}}$ は可換となる．

$$[\hat{\boldsymbol{J}}, H] = 0 \tag{599}$$

これはディラック方程式の空間回転不変性が，スピンを含めてはじめて成立することを意味している．

式 (597) により，一般のスピン成分は保存量ではないが，量 $\hat{\boldsymbol{S}}\cdot\hat{\boldsymbol{p}}$ はハミルトニアンと可換である．

$$[\hat{\boldsymbol{S}}\cdot\hat{\boldsymbol{p}}, H] = -i\hbar c\,\epsilon_{ijk}\alpha_i\hat{p}_k\hat{p}_i = 0 \tag{600}$$

したがって，運動量方向のスピン成分の固有状態を考えることができる．

$$\boldsymbol{S}\cdot\boldsymbol{p}\tilde{\psi} = \frac{1}{2}\lambda\hbar p\tilde{\psi} \tag{601}$$

ここで，固有値 λ は ± 1 の値をとり，ヘリシティとよばれる．2 成分のヘリシティ固有スピノルをつぎのように定義すると

$$\frac{\boldsymbol{\sigma}\cdot\boldsymbol{p}}{|\boldsymbol{p}|}\chi_\pm = \pm\chi_\pm \tag{602}$$

その具体的な形は

$$\chi_+ = \begin{pmatrix} \cos\dfrac{\theta}{2} \\ \sin\dfrac{\theta}{2}\mathrm{e}^{i\varphi} \end{pmatrix} \tag{603}$$

$$\chi_- = \begin{pmatrix} \sin\dfrac{\theta}{2}\mathrm{e}^{-i\varphi} \\ \cos\dfrac{\theta}{2} \end{pmatrix} \tag{604}$$

で与えられる．これを用いて，ヘリシティ固有状態のディラックスピノルは

$$\tilde{\psi}_\pm = \begin{pmatrix} \chi_\pm \\ \dfrac{\lambda pc}{E+mc^2}\chi_\pm \end{pmatrix} \tag{605}$$

と書ける．

10.2 電磁場との相互作用

1 章では，電磁場中の（非相対論的な）荷電粒子に対するシュレーディンガー方程式を扱った．電磁場のない場合から電磁場のある場合に移行するには，シュレーディンガー方程式に対し，置きかえ

$$i\hbar\frac{\partial}{\partial t} \to i\hbar\frac{\partial}{\partial t} - q\phi \tag{606}$$

$$-i\hbar\nabla \to -i\hbar\nabla - q\boldsymbol{A} \tag{607}$$

を行えばよかった．電磁場中のディラック方程式の場合も式 (581) から出発して同様な手続きによって求めることができる．電子の電荷を $q=-e$ とすると

$$i\hbar\frac{\partial}{\partial t}\psi = \left[c\boldsymbol{\alpha}\cdot(-i\hbar\nabla + e\boldsymbol{A}) + \beta mc^2 - e\phi\right]\psi \tag{608}$$

非相対論的な極限をみるため，ψ を上下 2 成分ずつに分解し，さらに静止質量エネルギーに相当する位相を取り出す．

$$\psi = \begin{pmatrix} \varphi \\ \zeta \end{pmatrix} \mathrm{e}^{-imc^2 t/\hbar} \tag{609}$$

10.2 電磁場との相互作用

これを用いて式 (608) を書き直すと

$$i\hbar\frac{\partial\varphi}{\partial t} = -e\phi\varphi + c\boldsymbol{\sigma}\cdot\bigl(-i\hbar\nabla + e\boldsymbol{A}\bigr)\zeta \tag{610}$$

$$i\hbar\frac{\partial\zeta}{\partial t} = -(2mc^2 + e\phi)\zeta + c\boldsymbol{\sigma}\cdot\bigl(-i\hbar\nabla + e\boldsymbol{A}\bigr)\varphi \tag{611}$$

非相対論的極限で ζ は式 (611) より

$$\zeta \simeq \frac{1}{2mc^2}c\boldsymbol{\sigma}\cdot\bigl(-i\hbar\nabla + e\boldsymbol{A}\bigr)\varphi \tag{612}$$

と近似でき，これを式 (610) に代入して

$$i\hbar\frac{\partial\varphi}{\partial t} = \left\{\frac{1}{2m}\bigl[\boldsymbol{\sigma}\cdot(-i\hbar\nabla + e\phi)\bigr]^2 - e\phi\right\}\varphi \tag{613}$$

ここで，一般にベクトル $\boldsymbol{D}$ に対し

$$(\boldsymbol{\sigma}\cdot\boldsymbol{D})^2 = \boldsymbol{D}^2 + i\boldsymbol{\sigma}\cdot(\boldsymbol{D}\times\boldsymbol{D}) \tag{614}$$

が成立することを用いて整理すると

$$i\hbar\frac{\partial\varphi}{\partial t} = \left[\frac{1}{2m}\bigl(-i\hbar\nabla + e\phi\bigr)^2 + \frac{\hbar e}{2m}\boldsymbol{\sigma}\cdot\boldsymbol{B} - e\phi\right]\varphi \tag{615}$$

が得られる．これは，電子が磁気モーメント

$$\boldsymbol{\mu} = -\frac{e\hbar}{2m}\boldsymbol{\sigma} = -\frac{e}{m}\boldsymbol{S} \tag{616}$$

をもっていることを示しており，電子のスピンの節で述べたように，回転磁気比が $g = 2$ であることがわかる．

より精密には，電磁場との相互作用の高次の効果を考慮すると $g = 2$ よりわずかにずれる．このずれの部分を異常磁気モーメントとよび，およそ

$$g - 2 \simeq \frac{\alpha}{\pi} \tag{617}$$

である．

10.3 相対論的不変性

ディラック方程式が相対性原理を満たす方程式であるとすれば，任意の慣性系において同じ形をしている必要がある．このことを示すため，まずディラック方程式を相対論的共変性がみやすい形に書き換える．

$$i\hbar \frac{\partial \psi}{\partial t} + i\hbar c\, \boldsymbol{\alpha}\cdot\nabla\psi - \beta mc^2 \psi = 0 \tag{618}$$

左から β を掛け，行列 γ^μ ($\mu = 0, 1, 2, 3$) を

$$\gamma^0 = \beta, \quad \gamma^i = \beta\alpha_i \quad (i = 1, 2, 3) \tag{619}$$

と定義すると

$$i\hbar c\Big(\gamma^0 \frac{\partial}{\partial x^0} + \boldsymbol{\gamma}\cdot\nabla\Big)\psi - mc^2\psi = 0 \tag{620}$$

時刻 t と位置 $\boldsymbol{x}$ は 4 元反変ベクトル

$$x^\mu = (x^0, x^1, x^2, x^3) = (ct, \boldsymbol{x}) \tag{621}$$

をなし，x^μ による微分は共変ベクトル

$$\partial_\mu \equiv \frac{\partial}{\partial x^\mu} = \Big(\frac{1}{c}\frac{\partial}{\partial t}, \nabla\Big) \tag{622}$$

をなすので，式 (620) は見かけ上相対論的に共変な形

$$i\hbar c\gamma^\mu \frac{\partial \psi}{\partial x^\mu} - mc^2\psi = 0 \tag{623}$$

に書き直せる．

しかし，γ^μ は単なる定数行列であり，座標変換のもとで変化するわけではないので，実際に式 (623) が相対性原理を満たすかどうかは示す必要がある．

斉次ローレンツ変換

$$x^\mu \to x'^\mu = \Lambda^\mu{}_\nu x^\nu \tag{624}$$

は条件

10.3 相対論的不変性

$$g_{\mu\nu}\Lambda^{\mu}{}_{\rho}\Lambda^{\nu}{}_{\sigma} = g_{\rho\sigma} \tag{625}$$

を満たす変換である．ここで，$g_{\mu\nu}$ は計量テンソルで，各成分は $g_{00} = 1$, $g_{ij} = -\delta_{ij}$, $g_{0i} = g_{i0} = 0$ $(i, j = 1, 2, 3)$ の値をもつ．

微小変換を

$$\Lambda^{\mu}{}_{\nu} = \delta^{\mu}{}_{\nu} + \epsilon^{\mu}{}_{\nu} \tag{626}$$

と書くと，ローレンツ変換の条件式 (625) は

$$\epsilon_{\nu\mu} = -\epsilon_{\mu\nu} \tag{627}$$

と表される．したがって，独立な変換パラメータは 6 つとなり，これらは空間回転の 3 つとブースト（狭義のローレンツ変換）の 3 つに相当する．

一般に，反変ベクトル V^{μ} は

$$V^{\mu} \to \Lambda^{\mu}{}_{\nu}V^{\nu} \tag{628}$$

と変換するが，ディラックスピノル ψ の 4 成分も変換のもとで互いに混じる．座標変換 $x \to x' = \Lambda x$ のもとで，$\psi(x)$ は

$$\psi(x) \to \psi'(x') = \psi'(\Lambda x) = S(\Lambda)\psi(x) \tag{629}$$

と変換する．すなわち

$$\psi'(x) = S\psi(\Lambda^{-1}x) \tag{630}$$

ここで，S は 4 成分の列ベクトル ψ に作用する 4×4 行列である．ディラック方程式の相対論的共変性，つまり変換後の ψ' がディラック方程式を満たすという条件から，S が決定される．微小変換の式 (626) に対して，

$$S \simeq 1 - \frac{i}{4}\epsilon_{\mu\nu}\sigma^{\mu\nu} \tag{631}$$

ただし，$\sigma^{\mu\nu}$ は行列

$$\sigma^{\mu\nu} = \frac{i}{2}[\gamma^{\mu}, \gamma^{\nu}] \tag{632}$$

したがって，微小変換は

$$\psi'(x) = S(\Lambda)\psi(\Lambda^{-1}x)$$

$$= \psi(x) - \frac{i}{2\hbar}\epsilon_{\mu\nu}\left[x^\mu i\hbar\frac{\partial}{\partial x_\nu} - x^\nu i\hbar\frac{\partial}{\partial x_\mu} + \frac{\hbar}{2}\sigma^{\mu\nu}\right]\psi(x) \quad (633)$$

このような S が存在することは，ディラック方程式が相対論的共変性をもつことを意味している．

この表式から，ローレンツ変換の生成子 $M^{\mu\nu}$ は

$$M^{\mu\nu} = x^\mu p^\nu - p^\mu x^\nu + \frac{\hbar}{2}\sigma^{\mu\nu} \quad (634)$$

とくに，ローレンツ変換の 1 つである回転の生成子，すなわち角運動量は

$$\boldsymbol{J} = \boldsymbol{L} + \frac{\hbar}{2}\boldsymbol{\Sigma} \quad (635)$$

ここで，Σ_i は行列

$$\Sigma_i = \frac{1}{2}\epsilon_{ijk}\sigma^{jk} \quad (636)$$

($\sigma_1 = \sigma^{23}$ etc.) で，ディラック表示では

$$\Sigma_i = \begin{pmatrix} \sigma_i & \boldsymbol{0} \\ \boldsymbol{0} & \sigma_i \end{pmatrix} \quad (637)$$

となる．上式の第 2 項はスピンに対応しており

$$\boldsymbol{S} = \frac{\hbar}{2}\boldsymbol{\Sigma} \quad (638)$$

これより，ディラック方程式で記述される粒子は，スピン 1/2 をもつことがわかる．

有限変換に対しては，式 (631) は

$$S = \exp\left(-\frac{i}{4}\theta_{\mu\nu}\sigma^{\mu\nu}\right) \quad (639)$$

となる．変換パラメータ $\theta_{\mu\nu}$ は μ, ν の入れ替えのもとで反対称である．

空間回転 (θ_{ij} のみ $\neq 0$) に対しては，$\boldsymbol{\theta} = (\theta_{23}, \theta_{31}, \theta_{12})$ と書けば

$$S = \begin{pmatrix} \exp\left(-\dfrac{i}{2}\boldsymbol{\theta}\cdot\boldsymbol{\sigma}\right) & 0 \\ 0 & \exp\left(-\dfrac{i}{2}\boldsymbol{\theta}\cdot\boldsymbol{\sigma}\right) \end{pmatrix} \quad (640)$$

となり，上下各 2 成分がそれぞれ 2 成分スピノル（スピン 1/2 表現）とし

て回転する.

ブースト ($\theta_{ij}=0$) に対しては，$\boldsymbol{\eta} = (\theta_{01}, \theta_{02}, \theta_{03})$ とすると，$\sigma^{0i} = i\alpha_i$ であることに注意して

$$S = \exp\left(\frac{1}{2}\boldsymbol{\eta}\cdot\boldsymbol{\alpha}\right) \tag{641}$$

変換パラメータ $\boldsymbol{\eta}$ は，座標系の相対速度 $\boldsymbol{v}$ の方向を向き，その大きさ $\eta = |\boldsymbol{\eta}|$ は相対速度の大きさ v と

$$\tanh\eta = \frac{v}{c} \tag{642}$$

の関係がある．S は

$$S = \cosh\frac{\eta}{2} + \frac{\boldsymbol{\eta}\cdot\boldsymbol{\alpha}}{\eta}\sinh\frac{\eta}{2} \tag{643}$$

とも書ける．粒子の静止系から出発して運動する系（エネルギー E, 運動量 $\boldsymbol{p}$）に移る場合には

$$\tanh\eta = \frac{pc}{E},\ \cosh\eta = \frac{E}{mc^2},\ \sinh\eta = \frac{p}{mc} \tag{644}$$

であり，

$$S = \sqrt{\frac{E+mc^2}{2mc^2}}\left(1 + \frac{p c\cdot\boldsymbol{\alpha}}{E+mc^2}\right) \tag{645}$$

と書ける．10.1 節で求めたヘリシティ固有状態のスピノルは，静止系における S_z の固有状態のスピノルから出発して，z 軸方向にブーストし，さらに望む方向に空間回転を施して得ることも可能である．これはもちろんディラック方程式のローレンツ不変性のためである．

10.4　負エネルギー解の意味

ディラック方程式には，$E = \sqrt{\boldsymbol{p}^2c^2 + m^2c^4}$ を満たす正エネルギー解以外に，負のエネルギー固有値 $E = -\sqrt{\boldsymbol{p}^2c^2 + m^2c^4}$ の解が存在する．この解に対応する物理的状態があったとすると，正エネルギーの状態は電磁波を放出するなどにより，負エネルギー状態に落ち込むことが可能になり，

安定な状態は存在できない.

この困難は，ディラック場 $\psi(x)$ を量子化することにより解決する．負エネルギーの解は，反粒子（電子の場合陽電子）の波動関数の複素共役となる（位相因子は複素共役で逆になるので，エネルギーは正となる）．

場の量子化を行わないで，同じ結果を直感的に導く方法として，ディラックによる空孔理論がある．スピン 1/2 の粒子はフェルミ統計に従うので，各状態は 1 個の粒子しか占めることができない．ディラックの仮定は，真空とは負エネルギーの状態に粒子がすべて詰まった状態であるとする．負エネルギーの粒子が電磁波を吸収するなどして正エネルギーの状態に遷移したとすると，負エネルギー状態に空きができる．この空孔のある状態を真空と比較すると，この空孔は，粒子と反対の電荷をもつ正エネルギーの状態としてみえることがわかる．これが反粒子である．この過程は，電磁波のエネルギーが粒子と反粒子の対に転化した対生成の過程である．この過程が起こるためには，電磁波のエネルギーは少なくとも $2mc^2$ 以上（電子の場合 1 MeV 以上のガンマ線）である必要がある．

10.5　ニュートリノ振動

ニュートリノ振動は，端的に量子力学的現象であると同時に，相対論的なエネルギー領域で起こる現象である．

ニュートリノは，3 種類が存在することが知られている．実験的にニュートリノを検出するには，W 粒子を媒介とする弱い相互作用により，ニュートリノが電荷をもつレプトンに転化する反応をみる．このとき，電子に転化するニュートリノを電子ニュートリノ ν_e とよぶ．このほか，ミューニュートリノ ν_μ，タウニュートリノ ν_τ がある．一方，相互作用を無視したときの（自由粒子）ハミルトニアンの固有状態は，これらの状態とは異なっている．自由ハミルトニアンの固有状態を質量の固有状態とよび，ν_i ($i=1,2,3$) と書く．これらの状態は，それぞれ異なった質量 m_i をもっている．

10.5 ニュートリノ振動

最初の弱い相互作用によって定義される状態をフレーバーの固有状態とよぶ．フレーバーの固有状態と質量の固有状態とは，お互いにユニタリー変換

$$\begin{pmatrix} \nu_1 \\ \nu_2 \\ \nu_3 \end{pmatrix} = U \begin{pmatrix} \nu_e \\ \nu_\mu \\ \nu_\tau \end{pmatrix}, U^\dagger U = 1 \tag{646}$$

で関係している．

ニュートリノ振動とは，ニュートリノのフレーバーが変化する現象であるが，記述を簡単にするため，ニュートリノが 2 種類の場合を考える．

$$|\nu_1\rangle = |\nu_e\rangle \cos\theta - |\nu_\mu\rangle \sin\theta \tag{647}$$

$$|\nu_2\rangle = |\nu_e\rangle \sin\theta + |\nu_\mu\rangle \cos\theta \tag{648}$$

角度 θ が 2 つの状態の混合角である．運動量 p のニュートリノ状態を考える．自由ハミルトニアンの固有状態は

$$H_0|\nu_i(p)\rangle = E_i|\nu_i(p)\rangle \tag{649}$$

$$E_i = \sqrt{\boldsymbol{p}^2 c^2 + m_i^2 c^4} \tag{650}$$

である．時刻 $t=0$ で電子ニュートリノが生成されたとして，その状態が後の時刻に検出されるまでの時間発展を調べる．$t=0$ で

$$|t=0\rangle = |\nu_e\rangle = |\nu_1\rangle \cos\theta + |\nu_2\rangle \sin\theta \tag{651}$$

ニュートリノが真空中を進むとすれば，時間発展は自由ハミルトニアンによるとしてよいので

$$\begin{aligned} |t\rangle &= e^{-iH_0 t/\hbar} |t=0\rangle \\ &= |\nu_1\rangle e^{-iE_1 t/\hbar} \cos\theta + |\nu_2\rangle e^{-iE_2 t/\hbar} \sin\theta \\ &= |\nu_e\rangle (e^{-iE_1 t/\hbar} \cos^2\theta + e^{-iE_2 t/\hbar} \sin^2\theta) \\ &\quad + |\nu_\mu\rangle (-e^{-iE_1 t/\hbar} + e^{-iE_2 t/\hbar}) \cos\theta \sin\theta \end{aligned} \tag{652}$$

これより，最初 ν_e であった状態に ν_μ が混合してくることがわかる．時刻

t において ν_μ を見いだす確率は

$$P(\nu_e \to \nu_\mu; t) = |\langle \nu_\mu | t \rangle|^2 = \sin^2 2\theta \sin^2 \frac{(E_1 - E_2)t}{\hbar} \tag{653}$$

となり，時間に依存する振動パターンが得られる．

ニュートリノの質量は，他の素粒子に比較して極端に小さく，現実の条件では質量エネルギーが運動エネルギーに比べてはるかに小さいので

$$E_i \simeq pc + \frac{m_i^2 c^3}{2p} \tag{654}$$

と近似でき，飛行距離は $l \simeq ct$ なので，$\Delta m^2 = m_1^2 - m_2^2$ として

$$P(\nu_e \to \nu_\mu; t) \simeq \sin^2 2\theta \sin^2 \frac{\Delta m^2 c^2 l}{2p\hbar} \tag{655}$$

振動の波長に比べて飛行距離がはるかに長い場合は，l について平均すると

$$\langle P(\nu_e \to \nu_\mu) \rangle = \frac{1}{2} \sin^2 2\theta \tag{656}$$

となり，ν_μ の成分が最大になるのは 45° 混合の場合で 1/2 となる．

演 習 問 題

[1] 公式 (614) を導く．
 (a) パウリ行列に関する式

$$\{\sigma_i, \sigma_j\} \equiv \sigma_i \sigma_j + \sigma_j \sigma_i = 2\delta_{ij}$$

および

$$[\sigma_i, \sigma_j] = 2i\epsilon_{ijk}\sigma_k$$

が成り立つことを示せ．
 (b) これらの公式を用いて (614) を証明せよ（$\boldsymbol{D}$ はパウリ行列と可換であることに注意）．

参 考 文 献

量子力学に関する文献のうち著名なものをいくつか紹介する．標準的な教科書，高度な参考書，特別なテーマに関する専門書の順に挙げてある．和書以外で日本語訳の出版されているものは訳書も掲げてあるが，研究者をめざす方はぜひ英語で読んでいただきたい．研究には英語が必須であり，英語に慣れておくことは将来役に立つ．訳は翻訳の非専門家である物理学者の訳したものであるから必ずしもこなれていない場合もあり，一般的に原著よりページ数が増えて冗長になり，たまに不正確な部分もなくはない．

1) S. Gasiorowicz : Quantum Physics, 2nd ed., Wiley, 1996
    [日本語訳：ガシオロウィッツ 量子力学 I, II, 林武美・北門新作訳，丸善，1998]
    入門的教科書．丁寧に書かれており重要なテーマは一通りカバーされている．巻末には量子力学の教科書が多く紹介されている．なお，原書は第3版が2003年に出版されているが，分量は減っているようだ．
2) L. Pauling and E. B. Wilson, Jr. : Introduction to Quantum Mechanics with Applications to Chemistry (McGraw-Hill, 1935; reprinted by Dover, 1985).
    原子・分子に重点のおかれた古典的教科書．
3) L. I. Schiff : Quantum Mechanics, 3rd ed., McGraw-Hill, 1968
    [日本語訳：シッフ 新版 量子力学 上・下，井上健訳，吉岡書店，1970, 72]
    標準的な教科書の一つ．豊富な内容を含む．
4) 猪木慶治・川合 光，量子力学 I, II, 講談社，1994
    演習書の要素をミックスした教科書として有用．内容は標準的．同じ著者で，より入門的な『基礎 量子力学』も出版されている（講談社，2007）．
5) J. J. Sakurai : Modern Quantum Mechanics, revised ed., edited by S. F. Tuan, Addison-Wesley, 1994
    [日本語訳：J. J. Sakurai 現代の量子力学 上，下，桜井明夫訳，吉岡書店，1989（1985年の初版の訳）]

量子力学の本質に鋭く迫る良書．ある程度の量子力学の素養が前提とされている．

6) A. Messiah : Quantum Mechanics, Wiley, 1958; reprinted by Dover, 1999
  [日本語訳：メシア 量子力学 1, 2, 3, 小出昭一郎・田村二郎訳，東京図書，1971, 72, 72]
  大部の教科書で，理論的な厳密さが重視されている．

7) P. A. M. Dirac : The Principles of Quantum Mechanics, Oxford University Press, 1958; リプリント版，みすず書房，1963
  [日本語訳：ディラック 量子力學 原著第 4 版，朝永振一郎他訳，岩波書店，1968]
  量子力学の原理を解説した格調高い名著．ただし量子力学を実際にどう使うかはあまり書かれていない．

8) L. D. Landau and E. M. Lifshitz : Quantum Mechanics (Non-relativistic Theory) 3rd ed., Pergamon, 1977
  [日本語訳：ランダウ＝リフシッツ理論物理学教程 量子力学 非相対論的理論，1, 2, 佐々木健・好村滋洋訳，東京図書，1967, 70]
  有名なランダウ・リフシッツ理論物理コースの第 3 巻．独特のスタイルを持ち，基本的概念は天下り的に与えられ，初心者向きではないが，広範なトピックが扱われており，問題には高度なものが多い．

9) 朝永振一郎：量子力学 (第 2 版) I, II, 補巻「角運動量とスピン」，みすず書房，1969, 97, 89
  日本語で書かれた本としてはもっとも著名な朝永量子力学．とくに第 1 巻では量子力学が確立するまでの歴史的発展を丁寧に記述している．量子力学の一通りの知識を得た後で読めば味わい深いであろう．また，同じ著者の『スピンはめぐる―成熟期の量子力学』は読み物であるが奥が深い（新版，みすず書房，2008）．

10) R. P. Feynman, R. B. Leighton and M. Sands : The Feynman Lectures on Physics, Vol. III, Quantum Mechanics, Addison-Wesley, 1966
  [日本語訳：ファインマン物理学 V 量子力学，砂川重信訳，岩波書店，1986]
  独特のスタイルで書かれているファインマン物理学講義の最後に位置する量子力学の部分．味わい深い．

11) R. P. Feynman and A. R. Hibbs : Quantum Mechanics and Path Integrals, McGraw-Hill, 1965
  [日本語訳：ファインマン・ヒッブス 量子力学と経路積分，北原和夫訳，みす

ず書房, 1995]
径路積分の創始者によるユニークな教科書.

12) J. J. Sakurai : Advanced Quantum Mechanics, Addison-Wesley, 1965
量子力学の続編として，電磁場の量子論，電子の Dirac 方程式，相対論的摂動論を扱う．物理的なものの見方が重視されており教育的．相対論の計量が旧式の Pauli metric を用いて書かれているところは時代を感じさせる.

13) J. D. Bjorken and S. D. Drell : Relativistic Quantum Mechanics; Relativistic Quantum Fields, McGraw-Hill, 1964, 65
相対論的量子力学と場の理論の著名な教科書．とくに最初のディラック方程式に関する部分はよく書かれている．現在標準的な Bjorken-Drell metric が使われている.

14) H. Weyl : The Theory of Groups and Quantum Mechanics, Methuen, 1931; reprinted by Dover, 1950
群論の量子力学への応用をくわしく扱った古典.

15) A. R. Edmonds : Angular Momentum in Quantum Mechanics, 2nd ed., Princeton Univ. Press, 1960

16) M. E. Rose : Elementary Theory of Angular Momentum, Wiley, 1957; reprinted by Dover, 1995
[日本語訳：ローズ 角運動量の基礎理論，山内恭彦・森田正人訳，みすず書房, 1971]
2冊とも量子力学における角運動量について詳述されている.

17) P. A. M. Dirac : Lectures on Quantum Mechanics, Yeshiva Univ., 1957; reprinted by Dover, 2001
拘束系の量子化を扱った簡潔なテキスト.

18) J. S. Bell, Speakable and Unspeakable in Quantum Mechanics, 2nd ed., Cambridge Univ. Press, 2004
量子力学の観測問題についてのエッセイ集.

演習問題の解答

1章

[1] デルタ関数の性質 (1) は基本的に (2) に含まれるが，ここではわかりやすさのため別に記してある．

量子力学では，波動関数の位置表示と運動量表示がお互いにフーリエ変換の関係にあることから，デルタ関数を用いるのが非常に便利である．その理由の1つは，1（定数関数）のフーリエ変換がデルタ関数であることによる．

$$\int_{-\infty}^{\infty} \mathrm{d}k \, \mathrm{e}^{ikx} = 2\pi \delta(x)$$

(a) 性質 (2) で $f(x) = 1$ とおけばよい．

(b) 積分変数を $x' = x - y$ に変換して (2) を適用する．
関連して，積分する前の段階でも

$$\delta(x-y) f(x) = \delta(x-y) f(y)$$

なるおきかえが可能である．

(c) 性質 (2) において，x を $x' = ax$ としたものと元を比較する．
特に性質 $\delta(-x) = \delta(x)$ にも注意しておく．

(d) 実数 $a, b > 0$ に対し，

$$\int_{-a}^{b} \mathrm{d}x \left(\frac{\mathrm{d}}{\mathrm{d}x}\theta(x)\right) f(x) = \theta(x) f(x)\Big|_{-a}^{b} - \int_{-a}^{b} \mathrm{d}x \, \theta(x) \frac{\mathrm{d}f}{\mathrm{d}x}(x)$$
$$= [f(b) - 0] - \int_{0}^{b} \mathrm{d}x \frac{\mathrm{d}f}{\mathrm{d}x}(x)$$
$$= f(b) - [f(b) - f(0)]$$
$$= f(0)$$

より，$\mathrm{d}\theta/\mathrm{d}x$ は性質 (2) をみたす．性質 (1) はほとんど自明．

[2] 複素空間の内積はなじみが少ないかもしれない．例えば，複素ベクトル $\boldsymbol{a}, \boldsymbol{b}$ の内積は

$$(\boldsymbol{a}, \boldsymbol{b}) = \boldsymbol{a}^{\dagger} \boldsymbol{b}$$

で定義される．ここで $\boldsymbol{a}^\dagger$ は $\boldsymbol{a}$ の複素共役転置ベクトル．成分で書くと，

$$(\boldsymbol{a},\boldsymbol{b}) = \sum_i a_i^* b_i$$

となる．このように定義された内積が 3 つの性質をみたすことはすぐにわかる．$\boldsymbol{a}$ の複素共役をとっていることが，正値性を持つために本質的である．2 番目の性質 $\boldsymbol{b}^\dagger \boldsymbol{a} = \left(\boldsymbol{a}^\dagger \boldsymbol{b}\right)^*$ は実数空間の内積（2 つのベクトルに関し対称）と異なるので注意．

問題の関数空間の内積の場合も，定義に従って計算すれば容易に確かめられる．1 番目と 2 番目の性質から導かれる関係

$$(c\psi_1, \psi_2) = c^*(\psi_1, \psi_2)$$

は間違えやすい．

[3] 定義より

$$\langle p_1|p_2\rangle = \frac{1}{2\pi\hbar}\int dx_1 \int dx_2\, e^{-ip_1 x_1/\hbar} e^{ip_2 x_2/\hbar}\langle x_1|x_2\rangle$$

であるが，$\langle x_1|x_2\rangle = \delta(x_1 - x_2)$ と規格化されているので，上式を x_2 で積分して

$$\langle p_1|p_2\rangle = \frac{1}{2\pi\hbar}\int dx_1 e^{-i(p_1-p_2)x_1/\hbar}$$
$$= \delta(p_1 - p_2)$$

[4] 式 (19) の逆変換

$$\psi(x) = \int \frac{dp}{\sqrt{2\pi\hbar}}\, \widetilde{\psi}(p) e^{ipx/\hbar}$$

および $\psi^*(x)$ に関する同様の式を (21) に代入し，x 微分を行うと，

$$\langle p\rangle = \frac{1}{2\pi\hbar}\int dx\, dp\, dp'\, e^{i(p-p')x/\hbar}\widetilde{\psi}^*(p')p\widetilde{\psi}(p)$$

となる．x で積分すると $2\pi\hbar\delta(p-p')$ が現れ，さらに p' で積分すればよい．

[5]

$$\langle \psi|\hat{p}|\psi\rangle = \int dx\, dx'\, \langle \psi|x'\rangle \langle x'|\hat{p}|x\rangle \langle x|\psi\rangle$$
$$= \int dx\, dx'\, \psi^*(x')\langle x'|\left(i\hbar\frac{d}{dx}|x\rangle\right)\psi(x)$$

演習問題の解答   149

$$= \int dx\,dx'\,\psi^*(x')\langle x'|x\rangle\left(-i\hbar\frac{d}{dx}\right)\psi(x)$$

$$= \int dx\,dx'\,\psi^*(x')\delta(x'-x)\left(-i\hbar\frac{d}{dx}\right)\psi(x)$$

$$= \int dx\,\psi^*(x)\left(-i\hbar\frac{d}{dx}\right)\psi(x)$$

（波動関数が規格化可能なら無限遠で 0 になるため，2 行目から 3 行目への部分積分において表面項は消える．）

[6] 演算子 A のエルミート共役は，任意の状態 ψ_1, ψ_2 に対し $(A\psi_1, \psi_2) = (\psi_1, A^\dagger \psi_2)$（これは式 (28) と同等）をみたす演算子として定義される．したがって，例えば，$(cA)^\dagger = c^* A^\dagger$ を示すには，

$$(\psi_1, (cA)^\dagger \psi_2) = (cA\psi_1, \psi_2) = c^*(A\psi_1, \psi_2) = c^*(\psi_1, A^\dagger \psi_2) = (\psi_1, c^* A^\dagger \psi_2)$$

となる．他の性質も同様にして示せる．これらの性質は行列のエルミート共役（複素共役転置行列）に対するものと基本的に同じであることに気づくとわかりやすい．

[7] 定義に従って計算すれば容易に示せる．例えば，

$$[A_1 A_2, B] = A_1 A_2 B - B A_1 A_2$$
$$= A_1 A_2 B - A_1 B A_2 + A_1 B A_2 - B A_1 A_2$$
$$= A_1 (A_2 B - B A_2) + (A_1 B - B A_1) A_2$$
$$= A_1 [A_2, B] + [A_1, B] A_2$$

（この関係に関しては逆からたどるほうが簡単．）

[8] (a) 問題中のヒントに従って計算すれば簡単．実ベクトルの場合は，この不等式は幾何学的に $|(\boldsymbol{a}, \boldsymbol{b})| = |\boldsymbol{a}||\boldsymbol{b}||\cos\theta| \leq |\boldsymbol{a}||\boldsymbol{b}|$（$\theta$ はベクトル $\boldsymbol{a}, \boldsymbol{b}$ のなす角度）という意味を持つ．

別の方法としては，任意の実数 t に対しベクトル $\boldsymbol{a} - t\boldsymbol{b}$ のノルムが正または 0 であることを用い，ノルムの 2 乗が t の 2 次式であることに注意して，t によらず非負であるためには判別式が負または 0 であることから示せる．

(b) $f(x) = \hat{x}'\psi(x)$, $g(x) = \hat{p}'\psi(x) = (-i\hbar\partial/\partial x - \langle p\rangle)\psi(x)$ とおけばよい．

(c) $\langle x\rangle$, $\langle p\rangle$ は単なる定数なので，

$$[\hat{x}', \hat{p}'] = [\hat{x}, \hat{p}] = i\hbar$$

が成り立つ．これより，
$$\langle \hat{x}'\hat{p}' \rangle = \frac{1}{2}(i\hbar + R)$$
ただし $R = \langle \hat{x}'\hat{p}' + \hat{p}'\hat{x}' \rangle$．$R$ がエルミート演算子の期待値のため実数であることに注意すれば求める不等式を得る．

[9] 式 (36) に左から $\langle x|$ を作用させる．左辺は，$\langle x|$ が時間によらないので
$$i\hbar \frac{d}{dt}\langle x|\psi(t)\rangle = i\hbar \frac{\partial}{\partial t}\psi(x,t)$$
となる．右辺のうち，$V(\hat{x})$ を含む部分は，$\hat{x}$ を $\langle x|$ に作用させれば $\hat{x}$ が x に変わる．$\hat{p}^2$ を含む運動エネルギー項は，式 (23) を用いれば波動関数の x に関する 2 階微分になる．これらをまとめれば求める方程式が得られる．

[10] 定義に従って計算すればよい．

[11] ハミルトニアン (64) に対するシュレーディンガー方程式は
$$\left(i\hbar\frac{\partial}{\partial t} - q\phi\right)\psi = \frac{1}{2m}(-i\hbar\nabla - q\boldsymbol{A})^2 \psi$$
と書き直せる．ゲージ変換のもとで，左辺は
$$\left(i\hbar\frac{\partial}{\partial t} - q\phi\right)\psi \rightarrow \left(i\hbar\frac{\partial}{\partial t} - q\phi - q\frac{\partial \Lambda}{\partial t}\right)e^{-iq\Lambda/\hbar}\psi$$
$$\rightarrow e^{-iq\Lambda/\hbar}\left(i\hbar\frac{\partial}{\partial t} - q\phi\right)\psi$$
と変換される．同様に，
$$(-i\hbar\nabla - q\boldsymbol{A})\psi \rightarrow (-i\hbar\nabla - q\boldsymbol{A} + q\nabla\Lambda)e^{-iq\Lambda/\hbar}\psi$$
$$\rightarrow e^{-iq\Lambda/\hbar}(-i\hbar\nabla - q\boldsymbol{A})\psi$$

これらを用いて，シュレーディンガー方程式はゲージ変換により不変であることがわかる．(全体に共通の位相が掛かるがこれは消去できる．)

特殊相対論では，時間と空間座標が 4 ベクトル $x^\mu = (ct, \boldsymbol{x})$ をなし，微分も $\partial^\mu = ((1/c)\partial/\partial t, -\nabla)$ が 4 ベクトルとなる．スカラーポテンシャルとベクトルポテンシャルは，やはり $A^\mu = (\phi/c, \boldsymbol{A})$ と書ける．上に現れる微分とポテンシャルの組み合わせ
$$D^\mu = \partial^\mu - \frac{iq}{\hbar}A^\mu$$
は共変微分と呼ばれる．電磁ポテンシャルがこのようにきれいな形で含まれ

ることも，マクスウェル古典電磁気学が相対論的な理論であることのひとつの現れである．

2 章

[1] 例えば，ポテンシャルの有限段差を $x=0$ にとり，
$$V(x) = \begin{cases} 0 & x < 0 \\ V_0 & x > 0 \end{cases}$$
とすれば，$0 < E < V_0$ の解は，$k = \sqrt{2mE}/\hbar$, $\kappa = \sqrt{2m(V_0-E)}/\hbar$ を用いて
$$\psi(x) = \begin{cases} A_+ e^{ikx} + A_- e^{-ikx} & x < 0 \\ B e^{-\kappa x} & x > 0 \end{cases}$$
となる．$x=0$ での接続条件は
$$\psi(-0) = \psi(+0) \quad \Rightarrow \quad A_+ + A_- = B$$
$$\psi'(-0) = \psi'(+0) \quad \Rightarrow \quad ik(A_+ - A_-) = -\kappa B$$

である．これを解いて波動関数は（規格化は $A_+ = 1$ ととる）
$$\psi(x) = \begin{cases} e^{ikx} + \dfrac{k-i\kappa}{k+i\kappa} e^{-ikx} & x < 0 \\ \dfrac{2k}{k+i\kappa} e^{-\kappa x} & x > 0 \end{cases}$$
となる．ここで $V_0 \to \infty$ とすると，$\kappa \to \infty$ であり，
$$\psi(x) = \begin{cases} e^{ikx} - e^{-ikx} & x < 0 \\ 0 & x > 0 \end{cases}$$
となる．$x=0$ で波動関数は連続であるが，その微分は不連続であり，境界条件としては波動関数の連続性を要請すればよいことになる．

[2] $y = qa/\pi$ と定義すると，方程式 (105), (106) は
$$\tan \frac{\pi}{2} y = \sqrt{\frac{\lambda^2}{y^2} - 1}, \qquad -\cot \frac{\pi}{2} y = \sqrt{\frac{\lambda^2}{y^2} - 1}$$
と書き直せる．方程式 (105) の解は曲線 $f(y) = \tan \frac{\pi}{2} y$ と $g(y) = \sqrt{\lambda^2/y^2 - 1}$ の交点で与えられる [(106) も同様]．これらの曲線のグラフを書いてみれば λ の値に応じて解の個数，範囲がわかる．

[3] (a) $\xi \sim 0$ において $\psi(\xi) = \xi^p(c_0 + c_2 \xi^2 + \cdots)$ として方程式 (111) に代入

すると，ξ の最低次では $p(p-1)\xi^{p-2}=0$ となるため，$p=0,1$ である．
(b) $|\xi|\gg 1$ では，方程式は $\mathcal{O}(\xi^{-2})$ を無視して $\mathrm{d}^2\psi/\mathrm{d}\xi^2-\xi^2\psi=0$ となる．$\psi\approx \mathrm{e}^{\pm\xi^2/2}$ とすると，この方程式は ξ^2 に比して 1 を無視すれば成り立つ．$\psi\approx \xi^p\mathrm{e}^{\pm\xi^2/2}$ としても同様に成立するので，べき乗の部分はこれだけでは決まらないことに注意．
(c) 式 (111) に代入して計算すればよい．
(d) 級数展開した式を f に対する微分方程式に代入して，ξ の各べきの係数を 0 とおけば得られる．
(e) 係数に対する漸化式は $k\gg 1$ に対し $c_k\approx (2/k)c_{k-2}$ となるので，(偶関数の場合) $c_k\approx 1/(k/2)!$ であり，$j=k/2$ として級数は $f\approx\sum_j \xi^{2j}/j!=\mathrm{e}^{\xi^2}$，したがって $\psi\approx \mathrm{e}^{\xi^2/2}$ となる (奇関数の場合も同様)．
(f) f が n 次の多項式となる，つまり $c_n\neq 0$, $c_{n+2}=0$ となるとすれば，$2n+1-2\varepsilon=0$ でなければならない．

3 章

[1] この波動関数は，$a_i x_i/r$ の部分が $\boldsymbol{x}$ の 0 次であり，球座標で書いたとき，角度のみによっている．この角度部分が Y_{1m} の線形結合になっていることに気づくとよい．

(a) 角度部分について積分

$$\int\mathrm{d}\Omega\,\frac{x_i x_j}{r^2}=\frac{4\pi}{3}\delta_{ij}$$

を用いると，波動関数の規格化条件は

$$\int\mathrm{d}^3x\,|\psi(\boldsymbol{x})|^2=N^2 a_i^* a_j\frac{4\pi}{3}\delta_{ij}$$

となり，$N=\sqrt{\frac{3}{4\pi}}$ であることがわかる．

上の積分は，対称性から

$$\int\mathrm{d}\Omega\,\frac{x_i x_j}{r^2}=I\delta_{ij}$$

という形になることを用いて，i,j で縮約すれば簡単に導ける．

(b) まず，$\hat{L}_i=\epsilon_{ik\ell}\hat{x}_k\hat{p}_\ell$ が座標表示で

$$-i\hbar\epsilon_{ik\ell}x_k\frac{\partial}{\partial x_\ell}$$

と書けるので，微分

$$\frac{\partial}{\partial x_i}\frac{x_j}{r} = \frac{1}{r}\left(\delta_{ij} - \frac{x_i x_j}{r^2}\right)$$

を用いて

$$\hat{L}_i \frac{x_j}{r} = i\hbar \epsilon_{ijk}\frac{x_k}{r}$$

が導ける.

もう一度 $\hat{L}_i$ を作用させる(i で縮約)と,

$$\hat{\boldsymbol{L}}^2 \frac{x_j}{r} = 2\hbar^2 \frac{x_j}{r}$$

が得られ,問題の波動関数は $\hat{\boldsymbol{L}}^2$ の固有状態で固有値は $2\hbar^2$ であることがわかる.すなわち $\ell=1$.(完全反対称テンソルを2つ掛けて縮約する公式 $\epsilon_{ijk}\epsilon_{i\ell m} = \delta_{j\ell}\delta_{km} - \delta_{jm}\delta_{k\ell}$ を用いるとよい.)

(c)

$$\langle \hat{L}_i \rangle = N^2 \int d\Omega \frac{a_\ell^* x_\ell}{r}\hat{L}_i\frac{a_j x_j}{r} = i\hbar\epsilon_{ijk}a_\ell^* a_j N^2 \int d\Omega \frac{x_\ell x_k}{r^2} = -i\hbar\epsilon_{ijk}a_j^* a_k$$

具体的には,例えば $\langle \hat{L}_z \rangle = 2\hbar \,\mathrm{Im}(a_x^* a_y)$ となる.$\boldsymbol{a}=(1,0,0), (0,1,0)$ などの状態は,$\langle \hat{\boldsymbol{L}} \rangle = 0$,すなわち角運動量のすべての成分の期待値が 0 である.

(d) 固有値を λ とすると,

$$\hat{L}_z \frac{a_j x_j}{r} = i\hbar\epsilon_{3jk}\frac{a_j x_k}{r} = \lambda\frac{a_j x_j}{r}$$

より,$i\hbar\epsilon_{3jk}a_j = \lambda a_k$,すなわち

$$i\hbar \begin{pmatrix} -a_2 \\ a_1 \\ 0 \end{pmatrix} = \lambda \begin{pmatrix} a_1 \\ a_2 \\ a_3 \end{pmatrix}$$

が条件.これより表に示した固有値と固有ベクトルを得る.

固有値	$\boldsymbol{a}$
$i\hbar$	$\frac{1}{\sqrt{2}}(1, i, 0)$
0	$(0,0,1)$
$-i\hbar$	$\frac{1}{\sqrt{2}}(1, -i, 0)$

[2] それぞれの角運動量を $\hat{L}_1, \hat{L}_2$ で表し,その和を $\hat{L} = \hat{L}_1 + \hat{L}_2$ と書くことにする.独立な状態として,$\hat{L}_{1z}, \hat{L}_{2z}$ の固有状態をとり,固有値をそれぞれ $m_1\hbar, m_2\hbar$ とする.m_1, m_2 は $0, \pm 1$(以後 $\pm$ で表す)の3つの値

をとるので全部で 9 つの状態 $|m_1 m_2\rangle$ がある．まず，$\hat{L}_z$ を作用させると，$\hat{L}_z |m_1 m_2\rangle = (m_1 + m_2)\hbar |m_1 m_2\rangle$ となり，これらの状態は $m = m_1 + m_2$ として $\hat{L}_z$ の固有値 $m\hbar$ の固有状態となっている．これらを m ごとに列挙すると

$$
\begin{array}{ll}
m = +2 & |++\rangle \\
m = +1 & |+0\rangle, |0+\rangle \\
m = 0 & |+-\rangle, |00\rangle, |-+\rangle \\
m = -1 & |0-\rangle, |-0\rangle \\
m = -2 & |--\rangle
\end{array}
$$

となる．これらの状態のうち，$|++\rangle$ は $\hat{L}_+$ を作用させると 0 になるので，$\hat{\boldsymbol{L}}^2$ の固有値を $\ell(\ell+1)\hbar^2$ と書いて，$\ell = m = 2$ の状態であることがわかる．これに $\hat{L}_-$ を順次作用させると，$\ell = 2$ の残り 4 つの状態が得られる．これらを規格化して $\ell = 2$ の状態は

$$
\begin{array}{ll}
m = +2 & |++\rangle \\
m = +1 & \frac{1}{\sqrt{2}}\bigl(|+0\rangle + |0+\rangle\bigr) \\
m = 0 & \frac{1}{\sqrt{6}}\bigl(|+-\rangle + 2|00\rangle + |-+\rangle\bigr) \\
m = -1 & \frac{1}{\sqrt{2}}\bigl(|0-\rangle + |-0\rangle\bigr) \\
m = -2 & |--\rangle
\end{array}
$$

となる．続いて，$m = +1$ で上の状態と直交している状態 $\frac{1}{\sqrt{2}}\bigl(|+0\rangle - |0+\rangle\bigr)$ は，$\hat{L}_+$ を作用させると 0 となるので $\ell = 1$ の状態であり，これに $\hat{L}_-$ を作用させて，$\ell = 1$ の状態 3 つは

$$
\begin{array}{ll}
m = +1 & \frac{1}{\sqrt{2}}\bigl(|+0\rangle - |0+\rangle\bigr) \\
m = 0 & \frac{1}{\sqrt{2}}\bigl(|+-\rangle - |-+\rangle\bigr) \\
m = -1 & \frac{1}{\sqrt{2}}\bigl(|0-\rangle - |-0\rangle\bigr)
\end{array}
$$

最後に残った状態は $\ell = 0$ で

$$
\frac{1}{\sqrt{3}}\bigl(|+-\rangle - |00\rangle + |-+\rangle\bigr)
$$

である．

[3] ボース統計．陽子・電子モデルではフェルミ統計となり実験事実と矛盾する．

4章

[1] (a) 解を原点で $\chi(r) = r^p(c_0 + c_1 r + \cdots)$ とローラン展開する．これを方程式に代入して，r のべきの最小の項の係数が 0 になる条件から p が決まる．

(b) χ の規格化条件が
$$\int_0^\infty dr\, |\chi(r)|^2 = 1$$
と書けるので，原点付近での積分の収束性を見ればわかる．

(c) ψ の形をシュレーディンガー方程式に代入すると，デルタ関数のため成り立たない．

[2] 調和振動子のシュレーディンガー方程式の解を求めたのとほぼ同様にして進めればよい．

(a) $r \to \infty$ で方程式 (236) は
$$\frac{d^2 \chi}{dr^2} + \frac{2mE}{\hbar^2}\chi \approx 0$$
と近似できるので，$E < 0$ に対しては指数関数的なふるまいが得られる．

(b) 方程式 (239) に $\chi = f e^{-\rho/2}$ を代入して整理する．

(c) 漸化式は
$$c_{k+1} = \frac{k + \ell + 1 - \lambda}{(k+1)(k + 2\ell + 2)} c_k$$
となる．級数が有限で止まらない場合には $f \sim e^\rho$ となり，χ が規格化可能でなくなる．

(d) $j + 1 = k + \ell + 1$ なので，$c_{j-\ell} \neq 0$, $c_{j-\ell+1} = 0$ となる．これより $\lambda = j + 1$ の条件が導かれ，式 (240) より E が求まる．

5章

[1] ②の条件はエルミート共役の定義より $(\psi_1, U^\dagger U \psi_2) = (\psi_1, \psi_2)$ と書き直せる．①が成り立てば，明らかに②が成り立つ．逆に，②がすべての ψ_1 について成り立つことは $U^\dagger U \psi_2 = \psi_2$ を意味し，これがあらゆる ψ_2 に対して成立することは，演算子として $U^\dagger U = 1$ を意味する．

② → ③は自明．逆に③が成立すれば，内積の線形性よりあらゆる状態ベクトルに対して成立する．

② → ④は自明．逆に④で $\psi = \psi_1 + \psi_2$ および $\psi = \psi_1 + i\psi_2$ として整理すれば②が得られる．

[2] (a) シュレーディンガー方程式を $x = na - \epsilon$ から $na + \epsilon$　（$\epsilon > 0$ は微小

量）まで積分する．ψ そのものを含む項の積分では，デルタ関数の項の積分は $G\psi(na)$ なる有限値を与えるが，$E\psi(x)$ の項の積分は $\mathcal{O}(\epsilon)$ で高次となる．（デルタ関数に加えてなめらかな関数で与えられるポテンシャルがあっても同じ結論となる．）方程式が成り立つには，ψ の 2 階微分を積分した項 $\psi'(na+\epsilon) - \psi'(na-\epsilon)$ が有限値にならなければいけない．したがって ψ の微分に有限の不連続性が現れる．これをさらに積分した ψ 自身は連続となる．

(b) まず $x=0$ における接続条件を考える．$x \neq 0$ では自由粒子の波動関数と同じで，$k^2 = 2mE/\hbar^2$ として

$$\psi(x) = \begin{cases} A_+ e^{ikx} + A_- e^{-ikx} & -a < x < 0 \\ B_+ e^{ikx} + B_- e^{-ikx} & 0 < x < a \end{cases}$$

これに接続条件を課すと，$G = \hbar^2 \lambda / ma$（λ は無次元量）と書いて，

$$B_+ = A_+ + \frac{\lambda}{ika}(A_+ + A_-)$$

$$B_- = A_- - \frac{\lambda}{ika}(A_+ + A_-)$$

一方，ブロッホの定理 $\psi(x-a) = e^{i\theta}\psi(x)$ により，$0 < x < a$ に対し

$$A_+ e^{ik(x-a)} + A_- e^{-ik(x-a)} = B_+ e^{i(kx+\theta)} + B_- e^{-i(kx-\theta)}$$

が成立する．これらが矛盾しない（0 以外の解が存在する）ための条件を整理すると，

$$\cos\theta = \cos ka + \frac{\lambda}{ka}\sin ka$$

となる．この式はエネルギー固有値 E に対し，波数 k を通して対応する θ を与える式であるが，$\cos ka = 1$ となる E の付近では，右辺が 1 を超えるため，解が存在しない E の区間が必ずある．

6 章

[1] λ の n 次の式は

$$\hat{H}' \sum_{j \neq i} c_{ij}^{(n-1)} |j\rangle + \hat{H}_0 \sum_{j \neq i} c_{ij}^{(n)} |j\rangle = E_i^{(n)} |i\rangle + \sum_{m=0}^{n-1} E_i^{(m)} c_{ij}^{(n-m)} |j\rangle$$

となり，n 次のエネルギー固有値と波動関数は，$n-1$ 次までを既知として

$$E_i^{(n)} = \sum_{j \neq i} c_{ij}^{(n-1)} \langle i | \hat{H}' | j \rangle$$

$$c_{ij}^{(n)} = \frac{1}{E_i^{(0)} - E_j^{(0)}} \left[\sum_{k \neq i} c_{ik}^{(n-1)} \langle j | \hat{H}' | k \rangle - \sum_{m=1}^{n-1} E_i^{(m)} c_{ik}^{(n-m)} \right]$$

となる.

[2] 長い退屈な計算を忍耐強く行えば導出できる. 大きな紙を使うのがよい. アウトラインを示すと,電磁場は式 (372) を (373) に代入して

$$\boldsymbol{E} = \sum_{\boldsymbol{k},\lambda} \left[i\omega C_\lambda(\boldsymbol{k}) \boldsymbol{\epsilon}_\lambda(\boldsymbol{k}) \mathrm{e}^{-i\omega t + i\boldsymbol{k}\cdot\boldsymbol{x}} + \mathrm{c.c.} \right]$$

$$\boldsymbol{B} = \sum_{\boldsymbol{k},\lambda} \left[i\boldsymbol{k} \times C_\lambda(\boldsymbol{k}) \boldsymbol{\epsilon}_\lambda(\boldsymbol{k}) \mathrm{e}^{-i\omega t + i\boldsymbol{k}\cdot\boldsymbol{x}} + \mathrm{c.c.} \right]$$

(c.c. は複素共役) となる. これらを 2 乗して, 例えば

$$\boldsymbol{E}^2 = \sum_{\boldsymbol{k},\lambda} \sum_{\boldsymbol{k}',\lambda'} \omega\omega' C_\lambda(\boldsymbol{k}) C_{\lambda'}^*(\boldsymbol{k}') \boldsymbol{\epsilon}_\lambda(\boldsymbol{k}) \cdot \boldsymbol{\epsilon}_{\lambda'}^*(\boldsymbol{k}') \mathrm{e}^{-i(\omega-\omega')t + i(\boldsymbol{k}-\boldsymbol{k}')\cdot\boldsymbol{x}}$$
$$+ \text{同じような 3 項}$$

となるが, それをエネルギー密度の表式に代入して $\boldsymbol{x}$ 積分を遂行すれば

$$\int_{-L/2}^{L/2} \mathrm{d}^3 x \, \mathrm{e}^{i(\boldsymbol{k}-\boldsymbol{k}')\cdot\boldsymbol{x}} = V\delta_{\boldsymbol{k},\boldsymbol{k}'}$$

を用いて $\boldsymbol{k}'$ の和を消せる. $\boldsymbol{B}^2$ に含まれるベクトルの積は

$$(\boldsymbol{k} \times \boldsymbol{\epsilon}) \cdot (\boldsymbol{k} \times \boldsymbol{\epsilon}') = k^2 \boldsymbol{\epsilon} \cdot \boldsymbol{\epsilon}' - \boldsymbol{k} \cdot \boldsymbol{\epsilon} \, \boldsymbol{k} \cdot \boldsymbol{\epsilon}' = k^2 \boldsymbol{\epsilon} \cdot \boldsymbol{\epsilon}'$$

と簡単化でき (横波条件より $\boldsymbol{k} \cdot \boldsymbol{\epsilon}_\lambda(\boldsymbol{k}) = 0$), $\mathrm{e}^{\pm 2i\omega t}$ に比例する項は $\boldsymbol{E}^2$ と $\boldsymbol{B}^2$ の寄与が打ち消し, 時間によらない部分が残る. $\boldsymbol{\epsilon}_\lambda(\boldsymbol{k}) \cdot \boldsymbol{\epsilon}_{\lambda'}^*(\boldsymbol{k}) = \delta_{\lambda\lambda'}$ を用いて, 最終的な表式を得る.

7 章

[1] $x = 0$ において波動関数とその微分が連続である条件は

$$\begin{pmatrix} 1 & 1 \\ k & -k \end{pmatrix} \begin{pmatrix} A_+ \\ A_- \end{pmatrix} = \begin{pmatrix} 1 & 1 \\ k' & -k' \end{pmatrix} \begin{pmatrix} B_+ \\ B_- \end{pmatrix}$$

と表すことができ, これから (425) を得る.
$x = a$ における接続条件は, 同様に,

$$\begin{pmatrix} \mathrm{e}^{ik'a} & \mathrm{e}^{-ik'a} \\ k'\mathrm{e}^{ik'a} & -k'\mathrm{e}^{-ik'a} \end{pmatrix} \begin{pmatrix} B_+ \\ B_- \end{pmatrix} = \begin{pmatrix} \mathrm{e}^{ika} & \mathrm{e}^{-ika} \\ k\mathrm{e}^{ika} & -k\mathrm{e}^{-ika} \end{pmatrix} \begin{pmatrix} C_+ \\ C_- \end{pmatrix}$$

これらの接続条件より，(A_+, A_-) を (C_+, C_-) で表すことができるが，$C_- = 0$ とすれば，求める関係 (426)(427) が得られる．

[2] 7.1 節の場合から $k' \to -i\kappa$ の置き換えにより 7.2 節の結果を得ることができる．$C_- = 0$ として，

$$\begin{pmatrix} A_+ \\ A_- \end{pmatrix} = \begin{pmatrix} \cosh \kappa a + \frac{i}{2}\left(\frac{\kappa}{k} - \frac{k}{\kappa}\right)\sinh \kappa a \\ -\frac{i}{2}\left(\frac{\kappa}{k} + \frac{k}{\kappa}\right)\sinh \kappa a \end{pmatrix} \mathrm{e}^{ika} C_+$$

これを用いて式 (436) が得られる．

8 章

[1] G に対する式 (527) に演算子 $i\hbar \partial/\partial t - H(\boldsymbol{x}, t)$ を作用させると，U に作用する部分は 0 となり，$\theta(t-t_0)$ に $i\hbar \partial/\partial t$ が作用した部分のみ残る．θ の時間微分は $\delta(t-t_0)$ なので，残りの因子は $\langle \boldsymbol{x} | U(t_0, t_0) | \boldsymbol{x}_0 \rangle = \langle \boldsymbol{x} | \boldsymbol{x}_0 \rangle = \delta^3(\boldsymbol{x} - \boldsymbol{x}_0)$ となる．

[2] 問題にある通りにやればよい．部分積分で表面項が消えることを用いる．
形式的であるが意味の取りやすい変形として，$G(\boldsymbol{x}, t; \boldsymbol{x}_0, t_0)$ などを 4 次元座標 $(\boldsymbol{x}, t)$, $(\boldsymbol{x}_0, t_0)$ によって各行，列が指定される無限次元行列とみなすと，$\delta(t-t_0)\delta^3(\boldsymbol{x}-\boldsymbol{x}_0)$ は単位行列に対応し，方程式 (529) を形式的に解くと

$$G = (i\partial_t - H)^{-1}$$

$(\partial_t = \partial/\partial t)$ と書ける．また同様に $G_0 = (i\partial_t - H_0)^{-1}$. 式 (539) 中の右辺の積分の部分は

$$\begin{aligned} G_0 H' G &= (i\partial_t - H_0)^{-1} H'(i\partial_t - H)^{-1} \\ &= (i\partial_t - H_0)^{-1}\bigl[(i\partial_t - H_0) - (i\partial_t - H)\bigr](i\partial_t - H)^{-1} \\ &= (i\partial_t - H)^{-1} - (i\partial_t - H_0)^{-1} \\ &= G - G_0 \end{aligned}$$

となり，式 (539) が示せたことになる．

10 章

[1] (a) パウリ行列の定義 (173) から出発して，個々の関係を地道に計算すればよい．

(b)
$$(\boldsymbol{\sigma}\cdot\boldsymbol{D})^2 = \sigma_i D_i \sigma_j D_j = \sigma_i \sigma_j D_i D_j$$
$$= \bigl(\delta_{ij} + i\epsilon_{ijk}\sigma_k\bigr) D_i D_j$$
$$= \boldsymbol{D}^2 + i\boldsymbol{\sigma}\cdot(\boldsymbol{D}\times\boldsymbol{D})$$

$\boldsymbol{D}$ の各成分がすべて可換なら $\boldsymbol{D}\times\boldsymbol{D}=0$ であるが，そうではないことに注意．

索　引

ア　行
アインシュタインの関係　87
α崩壊　105

異常磁気モーメント　135
位相のずれ　111
位置の固有状態　5
井戸型ポテンシャル　30

運動量　8
運動量の固有状態　9

S行列　121
エネルギー固有状態　14
エネルギー分母　81
エルミート演算子　11
エルミート共役　11
演算子　10
演算子の積　12

カ　行
回転群の既約表現空間　76
回転磁気比　47
角運動量　37
角運動量の合成　49
確率密度　16
荷電粒子のハミルトニアン　18

軌道角運動量　37
既約表現　76

球関数　39
球面調和関数　39
球面波　58

空間並進　68
グリーン関数　112, 120
クレブシュ–ゴルダン係数　52

経路積分表示　126
ゲージ変換　19
K中間子　53
ケットベクトル　7
原子核　53
原子核のα崩壊　105

光学定理　111
交換子　12
光電効果　1
コーシーの定理　113
古典力学　1
固有状態　11
固有値　11
コンプトン効果　1
コンプトン波長　61

サ　行
作用　127
散乱過程　107
散乱振幅　109
散乱フラックス　110

質量の固有状態　140
自由粒子　56
シュレーディンガー描像　24
シュレーディンガー方程式　13, 15, 101, 112
昇降演算子　34
状態空間　7
状態ベクトル　7
状態密度　90

水素原子　58
スピン　44

正準交換関係式　12
生成子　68
摂動論　79
線形演算子　10

相互作用描像　123

タ 行

対称性　65
WKB 近似　102
弾性散乱　107
断熱的変化　84

遅延グリーン関数　119
中性子　53
調和摂動　85

ディラックスピノル　130
ディラックの仮定　140
ディラックのブラ・ケット記法　8
ディラック方程式　130
電気双極子近似　90
電子　47
電子ニュートリノ　140

透過確率　100
動径波動関数　55

同時対角化　15
ドブロイの仮説　2
トンネル効果　97

ナ 行

2 次摂動の効果　81
ニュートリノ　140
ニュートリノ振動　140

ノルム　7, 66

ハ 行

ハイゼンベルクの運動方程式　25
ハイゼンベルク描像　24
パイ中間子　53
パウリ行列　46
パウリの排他律　23
波動関数　6
ハミルトニアン演算子　13
パリティ　16
パリティ不変性　30
反応の断面積　108
反粒子　140

微細構造定数　62
非弾性散乱　107
微分断面積　109

フェルミオン　22, 45
フェルミの黄金律　87
フェルミ粒子　22, 45
不確定性関係　12
ブライト–ウィグナー形　95
ブラベクトル　7
プランク定数　1, 12
フレーバーの固有状態　141
ブロッホの定理　72

並進　67

平面波　108
ヘリシティ　133

ボーア–ゾンマーフェルトの量子化条件
　　104
ボーア半径　60
ボース粒子　22, 45
ボソン　22, 45
ポテンシャル段差　100
ボルン近似　114

ヤ　行
ユニタリー性限界　111
ユニタリー変換　65

陽子　53

ラ　行
ラゲールの陪多項式　60

リーマン–ルベーグの定理　128
量子力学　1

ルジャンドルの多項式　39
ルジャンドルの陪関数　39

ローレンツ変換　137
ローレンツ力の法則　19

著者略歴

日笠　健一
(ひ かさ　けん いち)

1955年　岡山県に生まれる
1983年　東京大学大学院理学系研究科博士課程修了
現　在　東北大学大学院理学研究科物理学専攻教授．理学博士

朝倉物理学選書 3
量　子　力　学

定価はカバーに表示

2008年11月10日　初版第1刷

著　者　日　笠　健　一
発行者　朝　倉　邦　造
発行所　株式会社　朝　倉　書　店
　　　　東京都新宿区新小川町6-29
　　　　郵便番号　162-8707
　　　　電　話　03(3260)0141
　　　　ＦＡＸ　03(3260)0180
　　　　http:// www.asakura.co.jp

〈検印省略〉

© 2008　〈無断複写・転載を禁ず〉　　中央印刷・渡辺製本

ISBN 978-4-254-13758-3　C 3342　　Printed in Japan

理科大 鈴木増雄・大学評価・学位授与機構 荒船次郎・
理科大 和達三樹編

物 理 学 大 事 典

13094-2 C3542　　　　B 5 判　896頁　本体36000円

物理学の基礎から最先端までを視野に，日本の関連研究者の総力をあげて1冊の本として体系的解説をなした金字塔。21世紀における現代物理学の課題と情報・エネルギーなど他領域への関連も含めて歴史的展開を追いながら明快に提起。〔内容〕力学／電磁気学／量子力学／熱・統計力学／連続体力学／相対性理論／場の理論／素粒子／原子核／原子・分子／固体／凝縮系／相転移／量子光学／高分子／流体・プラズマ／宇宙／非線形／情報と計算物理／生命／物質／エネルギーと環境

東大 吉岡大二郎著
朝倉物理学選書 1

力　　　　　　　　　　　学

13756-9 C3342　　　　A 5 判　180頁　本体2300円

物体間にはたらく力とそれによる運動との関係を数学をきちんと使いコンパクトに解説。初学者向け演習問題あり。〔内容〕歴史と意義／運動の記述／運動法則／エネルギー／いろいろな運動／運動座標系／質点系／剛体／解析力学／ポアソン括弧

前電通大 伊東敏雄著
朝倉物理学選書 2

電　磁　気　　　　　学

13757-6 C3342　　　　A 5 判　248頁　本体2800円

基本法則からわかりにくい単位系，さまざまな電磁気現象を平易に解説。初学者向け演習問題あり。〔内容〕歴史と意義／電荷と電場／導体／定常電流／オームの法則／静磁場／ローレンツ力／誘電体／磁性体／電磁誘導／電磁波／単位系／他

首都大 岡部　豊著
朝倉物理学選書 4

熱　・　統　計　力　学

13759-0 C3342　　　　A 5 判　160頁　本体2400円

広範な熱力学・統計力学をコンパクトに解説。対象は理工系学部生以上。〔内容〕歴史と意義／熱力学第 1 法則／熱力学第 2 法則／ボルツマンの原理／量子統計／フェルミ統計／ボース統計／ブラウン運動／線形応答／雑音／ボルツマン方程式／他

農工大 佐野　理著
朝倉物理学選書 5

連　続　体　物　理

13760-6 C3342　　　　A 5 判　144頁　本体2300円

弾性体から流体まで，連続体の物理を平易に解説。対象は理工系学部生以上。〔内容〕歴史と意義／弾性体の運動／弾性波／流体の運動／いろいろな流れ（ポアズイユ流・低レイノルズ数の流れ・境界層近似・乱流・渦なし流・水面波等）

高エネルギー加速器研究機構 小玉英雄著
朝倉物理学選書 6

相　対　性　理　論

13761-3 C3342　　　　A 5 判　148頁　本体2300円

解釈の難しい相対性理論を簡潔に解説。〔内容〕歴史と意義／特殊相対性理論／ミンコフスキー時空／特殊相対性理論／ローレンツ群とスピノール／曲がった時空／一般相対性理論／重力場の方程式／重力波／ブラックホール／相対論的宇宙モデル

東北大 倉本義夫・東北大 江澤潤一著
現代物理学［基礎シリーズ］1

量　　子　　力　　学

13771-2 C3342　　　　A 5 判　232頁　本体3400円

基本的な考え方を習得し，自ら使えるようにするため，正確かつ丁寧な解説と例題で数学的な手法をマスターできる。基礎事項から最近の発展による初等的にも扱えるトピックを取り入れ，量子力学の美しく，かつ堅牢な姿がイメージされる書。

東北大 江澤潤一著
現代物理学［基礎シリーズ］5

量　子　場　の　理　論
──素粒子物理から凝縮系物理まで──

13775-0 C3342　　　　A 5 判　224頁　本体3300円

凝縮系物理の直感的わかり易さを用い，正統的場の量子論の形式的な美しさと論理的透明さを解説〔内容〕生成消滅演算子／場の量子論／正準量子化／自発的対称性の破れ／電磁場の量子化／ディラック場／場の相互作用／量子電磁気学／他

戸田盛和著
物理学30講シリーズ 8

量　子　力　学　30　講

13638-8 C3342　　　　A 5 判　208頁　本体3800円

〔内容〕量子／粒子と波動／シュレーディンガー方程式／古典的な極限／不確定性原理／トンネル効果／非線形振動／水素原子／角運動量／電磁場と局所ゲージ変換／散乱問題／ヴィリアル定理／量子条件とポアソン括弧／経路積分／調和振動子他

上記価格（税別）は 2008 年 10 月現在